I0095609

EVADIR Y ESCAPAR DE LA CAPTURA

TÉCNICAS DE EVASIÓN Y ESCAPE URBANO
PARA CIVILES

SAM FURY

Ilustrado por
NEIL GERMIO

Traducido por
MINCOR, INC

Copyright SF Nonfiction Books © 2021

www.SFNonfictionBooks.com

Todos los derechos reservados

Ninguna parte de este documento puede reproducirse sin el consentimiento por escrito del autor.

ADVERTENCIAS Y EXENCIONES DE RESPONSABILIDAD

La información de esta publicación se hace pública solo como referencia.

Ni el autor, editor ni ninguna otra persona involucrada en la producción de esta publicación es responsable de la manera en que el lector use la información o el resultado de sus acciones.

ÍNDICE

PLANES DE EVASIÓN

ESCAPAR DE LA CAPTURA

PRELIMINARES

AUTOMÓVILES

NEGOCIACIÓN

GRACIAS POR TU COMPRA

Si te gusta este libro, deja una reseña donde lo compraste. Esto ayuda más de lo que la mayoría de la gente piensa.

Para encontrar más SF Nonfiction Books disponibles en español, visita:

www.SFNonFictionbooks.com/Foreign-Language-Books

Gracias de nuevo por tu apoyo,

Sam Fury, autor.

INTRODUCCIÓN

En este libro aprenderás las habilidades que necesitas para evitar y escapar de una captura. Está repleto de técnicas de encubrimiento de escapes militares y de espías, adaptadas para la persona civil promedio.

Cualquiera puede ser capturado, aunque algunas personas son más objetivo que otras.

- **Mujeres.** Son los principales objetivos de los depredadores sexuales y muy probablemente rehenes en crímenes que salieron mal.
- **Niños.** Objetivos de depredadores sexuales o susceptibles de ser raptados para pedir rescate.
- **Personas de alto perfil** (políticos, celebridades). Capturados para recibir rescate.
- **Turistas.** Los turistas occidentales corren más riesgo de ser retenidos para obtener un rescate en países en desarrollo o políticamente inestables.

Aplicar lo que aprendas en este libro te mantendrá a ti y a tus seres queridos seguros, ya sea en casa o en el extranjero. Además, contiene información para evitar robos comunes y otros delitos.

Este es un libro dividido en dos partes.

Parte 1. Evadir la captura

Esta parte te dará las herramientas que necesitas para evitar convertirte en una víctima.

Hay cinco reglas clave para evitar la captura:

1. Estar atento.
2. Evitar el peligro.
3. Eliminar la tentación.

4. Planificar y prepararse.
5. Mantener cosas útiles cerca.

Las reglas 1, 2 y 3 evitan que sucedan cosas. Las reglas 4 y 5 garantizan que estés preparado en caso de que suceda algo.

Parte 2. Escapar de la captura

Cuando fallan las cinco reglas para evadir la captura, usa la información de esta parte para planificar y ejecutar tu escape.

Incluye técnicas de escape específicas (romper cerraduras, improvisar explosivos, movimiento sigiloso, negociación hostil, etc.), y otra información relevante.

Acción y adaptabilidad

La acción y la adaptabilidad son la forma en que usas lo que aprendes en este libro.

Cuando se trata de evadir y escapar de la captura, cuanto antes actúes, mejor. Esto es cierto en todas las etapas del proceso:

- Actúa aprendiendo y entrenándote a ti mismo para evadir y escapar de la captura.
- Actúa utilizando lo que aprendiste en la parte 1 para mantenerte fuera de peligro.
- Actúa rápido cuando estés en peligro (usando las habilidades de la parte 2), para tener la mejor oportunidad de escapar.

El concepto de actuar rápido cuando estás en peligro es importante. La acción retrasada resulta en una pérdida de oportunidad. Tan pronto como detectes las señales de advertencia, aléjate. Mantente calmado y sigue tu plan.

Si te han capturado, escapa pronto. Mientras más tiempo pasa, se vuelve más difícil. La seguridad aumentará, las herramientas serán confiscadas y tu fuerza (mental y física) se deteriorará.

La adaptabilidad es la capacidad de aplicar lo que aprendes a situaciones específicas. Las cosas nunca saldrán exactamente como las planeas. Mantente preparado para superar cualquier obstáculo que se te presente.

EVADIR LA CAPTURA

ESTAR ATENTO

Estar atento consiste en notar activamente lo que sucede a tu alrededor.

Esto tiene dos beneficios principales:

- Te permite detectar señales de advertencia tempranas de peligros potenciales.
- Te convierte en un objetivo menos atractivo.

.

CULTIVAR LA CONCIENCIA

Cultivar la conciencia no es difícil, pero se necesita disciplina para no distraerse.

Una forma de hacerlo es hablar contigo mismo en silencio. Mientras miras a tu alrededor, repítete a ti mismo lo que ves, oyes, hueles, etc. Las cosas que son útiles para tomar nota incluyen:

- Animales agitados. Los animales suelen sentir el peligro antes que los humanos.
- Puntos de referencia. Toma nota de los puntos de referencia para la orientación y para utilizarlos como puntos de reunión.
- Rutas de salida. Siempre conoce tu(s) mejor(es) ruta(s) de escape. Peligros potenciales.
- Posibles armas. Ve por ellas si te atacan. Gente sospechosa. Ten cuidado con el comportamiento nervioso o «furtivo» del otro.
- Vehículos sospechosos. Memoriza placas de matrícula y descripciones generales.
- Sonidos, olores extraños, etc.
- Tráfico inusual. Esto puede significar que hay personas huyendo del peligro.
- Cualquier otra cosa fuera de lo común.

Colócate siempre donde puedas observar mejor tus alrededores, como de espaldas a la pared y de cara a la entrada.

Cuando tengas que enfocar tu atención, como cuando estás en tu teléfono o durante una conversación, mira a tu alrededor cada 10 segundos para asegurarte de que estás seguro.

Asegúrate que haya más personas pendientes de ti. Deja que las personas de confianza conozcan tu itinerario y consulta con ellos. Asegúrate de que sepan qué hacer si no registras tu entrada.

Cultivar una conciencia constante de tu entorno y de ti mismo puede ser difícil al principio. Se necesita mucha más energía cerebral que soñar despierto o mirar fijamente tu teléfono, pero, con la práctica, se convertirá en algo natural.

Capítulos Relacionados

- Puntos de Reunión

EVITAR EL PELIGRO

Los delincuentes pueden estar en cualquier lugar en cualquier momento, pero hay tiempos y lugares en los que aumenta el riesgo de peligro. Aquí hay unos ejemplos:

- Durante el día es generalmente más seguro que por la noche debido a la iluminación.
- Las tasas de criminalidad aumentan durante la temporada navideña y las elecciones pueden causar trastornos sociales.
- El aislamiento te convierte en un objetivo fácil, pero las áreas que están demasiado concurridas facilitan que los ladrones pequeños te roben.
- Un cubículo en el baño de hombres es más seguro que el urinario. Ubicación geográfica (Canadá frente a Somalia, suburbios frente a barrios marginales).
- Puntos de control o barricadas.
- Cajeros automáticos en la calle. Mejor entra a un centro comercial o banco.
- Entradas a callejones y otras áreas ocultas.

Cuando tengas la opción, elige la más segura. Aquí hay algunas pautas generales para hacer eso:

- Evita áreas aisladas, incluso dentro de edificios, como lavanderías, oficinas de paquetería o estacionamientos.
- Investiga los horarios del transporte público para minimizar tu tiempo de espera en la calle.
- Siéntate cerca de las salidas mientras puedas ver quién entra. Elige asientos en el pasillo.
- Mantente cerca de personas «seguras», como guardias de seguridad, familiares o conductores de autobuses.
- Mantente en áreas bien iluminadas.
- Evita las multitudes potencialmente hostiles, como las formadas por personas alcoholizadas o jóvenes masculinos.
- Camina de frente al tráfico.
- Quédate en el centro de la acera, para no estar demasiado cerca de los coches que pasan o de los lugares de emboscada.
- El segundo y tercer piso de los edificios son los más seguros, especialmente en hoteles y complejos de apartamentos. El primer piso no es seguro, mientras que, si estás en el cuarto piso o más alto, es posible que las escaleras de bomberos no te alcancen.
- Las habitaciones cerca de las salidas de emergencia y los ascensores son buenas, pero las que están cerca de las escaleras no lo son.

Siempre que te sientas en peligro, ve a un lugar seguro. Un lugar seguro es cualquiera que tenga gente, cámaras y/o buena iluminación. Cuantas más existan, mejor. Por ejemplo, busca:

- Una estación de policía.
- Un supermercado.
- Un centro comercial.
- Una gasolinera.
- Restaurante / cafetería / bar concurrido.

Tómate el tiempo para ubicar los lugares seguros durante toda la noche en tu área.

Capítulos Relacionados

- Ascensores

DE VIAJE

Evitar el peligro durante un viaje requiere un poco de trabajo extra. Lo importante es recopilar conocimientos. Antes de ir, investiga tu destino, las costumbres y las estafas locales.

Evita las áreas peligrosas y haz lo que hacen los lugareños siempre que sea posible. Come como ellos comen, por ejemplo. Suscríbete a las advertencias de viaje que puedes ver aquí:

https://subscription.smartraveller.gov.au/subscribe

Cuando hayas llegado a tu destino, entablar amistad con un local de confianza es una buena forma de obtener información privilegiada. Pueden identificar peligros locales, recomendar lugares, decirte cuánto deberían costar las cosas, etc. Sin embargo, ten cuidado de quien te haces amigo.

El personal de servicio al cliente local (recepcionistas de hotel o camareras en cafeterías locales, por ejemplo) suelen ser de confianza, pero nunca puedes estar seguro. No le des los detalles de tu horario u otra información delicada.

Cuando interactúas con los lugareños, usar algunas palabras en su idioma con una sonrisa genuina puede llevarte muy lejos. Aprende a decir: «Hola», «¿Cuánto cuesta?», «Gracias» y «Adiós».

Evita conversaciones sobre religión, política y dinero. Si mencionan uno de estos temas, sé respetuoso.

Cuando te encuentres en áreas de alto riesgo, mantente alejado de lugares frecuentados por extranjeros (hoteles, atracciones, restaurantes, mercados, etc.).

En su lugar, opta por equivalentes que «no sean extranjeros». Como beneficio adicional, las opciones locales suelen ser mejores, menos concurridas, más baratas y auténticas.

Si ocurre un ataque terrorista, mantente alejado de las embajadas durante unos días en caso de un seguimiento.

Capítulos Relacionados

- Evitar el Peligro
- Estafas comunes y robos pequeños

SEGURIDAD DIGITAL

En estos días, cualquier hacker aficionado puede robar tu información con un software básico. Usa los siguientes consejos para disuadir a estafadores y acosadores en línea.

Computadora / Laptop

Cubre tu cámara con cinta no transparente en caso de que alguien acceda a ella de forma remota o te olvides de colgar después de una video llamada.

Actualiza tu software siempre que haya una nueva actualización.

Cierra la sesión de tus cuentas en línea (banca, carrito de compras, etc.) y tu computadora cuando la dejes, especialmente en lugares públicos como el trabajo o la escuela.

Desactiva los puertos USB no utilizados para evitar que los piratas informáticos utilicen dispositivos de piratería «plug and play», como: keyloggers, bash bunnies y patitos de goma.

WIFI

Nunca uses un punto de acceso abierto gratuito «sin inicio de sesión». Puede ser uno que un pirata informático haya configurado con una piña WIFI o algún otro dispositivo.

Usa una VPN para cifrar tu actividad en cualquier red que no sea la tuya personal, y especialmente cuando realices operaciones bancarias, compres en línea o envíes información confidencial por correo electrónico. Para una capa adicional de seguridad, usa el navegador TOR:

https://www.torproject.org/download

Mantente alejado de la dark web, incluso cuando uses una conexión a Internet DSL.

Seguridad por contraseña

Una buena contraseña es segura, única y fácil de recordar. Este es un método para crear varias contraseñas seguras.

Elige una palabra aleatoria que tenga al menos 6 caracteres, como «Panasonic».

Cambia la palabra a una mezcla de letras mayúsculas y minúsculas, letras de reemplazo, símbolos y números. Ten al menos una de cada una. En este ejemplo, podrías terminar con «P@nas0n1K».

Esta es su contraseña base.

Agrégale un prefijo o sufijo a tu contraseña base para cada cuenta. Usa un prefijo o sufijo específico que se relacione con cada cuenta, pero usa el mismo patrón para todas las cuentas.

Por ejemplo, usando la contraseña base anterior y las siguientes empresas, toma la primera y la última letra del nombre de cada empresa como prefijo para tu contraseña específica.

- Merrel - MLP@nas0n1K
- Chase - CEP@nas0n1K
- Robinhood - RDP@nas0n1K

Para hacerlo aún más seguro, usa más letras o agrega otro nivel. Por ejemplo, puedes utilizar el número de letras del nombre de la empresa como sufijo al final, como se muestra a continuación:

- Merrel - MLP@nas0n1K6
- Chase - CEP@nas0n1K5
- Robinhood - RDP@nas0n1K9

Si crees que tendrás problemas para recordarlo, puedes grabar la palabra base en algún lugar en su forma original (por ejemplo, «Panasonic»). Asegúrate de guardarla en un lugar seguro, no en tu billetera ni cerca de tu computadora. Ahora solo tienes que recordar el patrón.

También debes cambiar tus contraseñas al menos una vez al mes. Optimiza esto haciendo lo siguiente:

- Haz una lista de todos los lugares en los que necesitas ingresar su contraseña.
- Elige un día al mes en el que los revisarás y los cambiarás todos.
- Cambia tu contraseña base y el patrón de prefijo o sufijo.

Si crees que tu contraseña base o patrón pueda estar en peligro, cambia todas tus contraseñas lo antes posible.

¡Nunca le digas a nadie tus contraseñas!

Además de crear una contraseña segura y cambiarla con regularidad, hay algunas otras cosas que puedes hacer para aumentar la seguridad de tu inicio de sesión.

Aprovecha las contraseñas de un solo uso (OTP) enviadas a tu teléfono o mediante un dispositivo o aplicación de terceros, el reconocimiento de huellas dactilares en tu teléfono adjunto a tu cuenta y cualquier otra cosa que se ofrezca.

Las preguntas de seguridad son una capa básica de protección adicional. Hazlas aún más útiles mintiendo en sus respuestas. Puedes usar una respuesta opuesta, una variación de tu contraseña base o una mezcla de la respuesta real.

Redes sociales

Lo más seguro es no tener cuentas en las redes sociales, pero eso no es práctico para muchas personas.

Lo siguiente mejor es tener en cuenta lo que compartes y con quién lo compartes.

- Sé selectivo con quién te haces «amigo».
- No publiques ninguna información personal.

- No publiques nada que revele tu ubicación, rutina o cuando estés ausente de tu hogar.

Correo electrónico

Cifra toda la información confidencial.

Elimina correos electrónicos de fuentes que no sean de confianza, sin abrirlos. Señales de que correos electrónicos que puedan ser fraudulentos incluyen líneas de asunto provocativas, si existe solamente un enlace en el cuerpo del correo electrónico, emojis en la línea de asunto y letras desordenadas en la dirección «De».

No abras ni descargues ningún enlace o archivo adjunto sospechoso.

Ten cuidado con las falsificaciones de identidad, como los correos electrónicos de «tu banco». Nunca brindes información personal respondiendo a un correo electrónico ni tampoco inicies sesión en tu cuenta a través de un enlace en un correo electrónico. En vez de esto, ponte en contacto con la empresa correspondiente de forma independiente (por ejemplo, por teléfono o mediante su sitio web).

Compras en línea

Cuando compres en línea, realiza tu compra como invitado. Si te registras en la página de una empresa y es pirateada, tu información se encontrará en peligro. Si quieres el «obsequio gratis» por registrarte en una empresa, usa un correo electrónico temporal de un servicio como Guerrilla Mail:

https://www.guerrillamail.com

Teléfono

Obtén un número no listado.

Responde con un simple «Hola» en lugar de su nombre o número, y haz lo mismo con tu correo de voz.

No le brindes tus datos personales a nadie que no conozcas que te llame. Si dicen que son de una empresa, solicita un número de referencia y llama a la empresa. Encuentra su número tú mismo a través de su sitio web oficial.

Cuelga a las llamadas amenazantes. No reacciones. Si persisten, llama a la policía.

Para verdaderamente evitar el rastreo (por parte del gobierno, por ejemplo), saca la tarjeta SIM y la batería de un teléfono desechable (si es posible) y rompe el teléfono después de haberlo usado.

Actualiza el software de tu teléfono.

Usa una VPN.

Nunca le digas a un extraño que te llama que estás solo.

Capítulos Relacionados

- Acosadores
- Rastreo

ESTAFAS COMUNES Y ROBOS PEQUEÑOS

Este capítulo destaca los métodos comunes que utilizan los delincuentes para secuestrar, robar o estafar a las personas, y qué métodos de prevención puedes utilizar.

No hay la intención de convertirte en un cínico con todo el mundo. La mayoría de la gente no está «tratando de engañarte», pero es aconsejable no ser demasiado confiado. Usa tu sentido común según la situación en la que te encuentres.

Distracción

Una distracción está diseñada para que tu atención se centre en otra parte, por ejemplo, en alguien que provoca llamar la atención. Mientras estás distraído, te roban tu propiedad o te atacan. Estar consciente de la situación te ayudará a combatir esta circunstancia.

Colisión

Alguien chocará deliberadamente contigo, pero hará que parezca que es tu culpa. En este proceso, dejará caer o romperá algo «de valor» y exigirá que pagues por ello.

Una versión más elaborada de esto es alguien corriendo frente a tu automóvil.

Esto también puede suceder en un automóvil, donde el estafador chocará su automóvil contra el tuyo. Cuando sales, una tercera persona te robará el coche o te secuestrarán.

Si esto te sucede, dile a la persona que estabas siendo muy consciente y que no fue tu culpa. Sé firme y cortés. Si insiste, llama a las autoridades.

A veces, el costo puede hacer que no valga la pena más molestias. Si te pide una cantidad relativamente pequeña, considera pagar.

Si estás en un automóvil, no salgas. Enciende las luces de emergencia y llama a la policía. Anota el número de placa del otro automóvil, la descripción del conductor, etc. Si alguien se acerca a tu automóvil, dile que te siga a un lugar seguro, como una estación de policía o un área poblada.

Seducción

En esta estafa, una persona atractiva se hará amigo(a) tuyo(a). Después de un tiempo, irás a un restaurante, bar o algo similar, donde no habrá precios en el menú. Al final, habrá una factura considerable y el(la) «seductor(a)» recibirá un porcentaje.

Para evitar que esto te suceda, cuando desees vivir la «experiencia local», sigue el consejo de una guía, no de alguien que acabas de conocer. Además, nunca pidas algo sin conocer el precio.

Falsa identidad

En este escenario, alguien se viste con un uniforme «oficial» e intenta acceder a tu casa u obtener tu información personal. Esto también puede suceder por teléfono o en línea, cuando alguien finge ser un compañero de trabajo, funcionario del gobierno, trabajador bancario, etc. Tu mejor defensa contra los imitadores es confiar en tus instintos si algo no parece correcto y tener cuidado con cualquier oferta que sea demasiado buena para ser verdad.

Nunca des tu información personal a alguien que te haya llamado. En su lugar, cuelga y llama a la empresa que él o ella dice representar. Verifica que las personas sean quienes dicen ser. Por ejemplo, si el encargado del gas está en tu puerta, llama a la compañía de gas para confirmarlo.

El buen samaritano

Cuando ves a alguien en peligro, es natural querer ayudarlo, pero ten cuidado. A menudo, la rutina de la «damisela en apuros» es una trampa, y te robarán la billetera, te asaltarán, te robarán el coche o algo peor.

Siempre ten mucho cuidado de ayudar a alguien cuando te encuentres en un área aislada. Si se trata de un problema con el automóvil, lo mejor que puedes hacer es llamar a los servicios de emergencia.

Si decides ayudar a alguien, ten en cuenta tus pertenencias y tu entorno en caso de que un cómplice te ataque.

No dudes en irte si sientes que algo no está bien. Verificar la situación haciendo preguntas sobre la historia de las víctimas te ayudará a decidir si es una estafa o no.

Buen samaritano inverso

Aquí, el estafador juega el papel de buen samaritano. Por ejemplo, podrían intentar indicarte que te detengas porque algo anda mal con tu automóvil. A menos que haya una emergencia obvia, espera hasta que estés en un lugar seguro para verificar el problema.

La caja

En esta situación, estás rodeado de varios delincuentes. Esto puede ser mientras caminas o en tu automóvil. Para evitar que esto te suceda, siempre deja espacio para escapar y sal de ahí si es necesario.

Estafas de taxis

Hay muchos tipos de estafas de taxis. También pueden aplicar a cualquier medio de transporte privado, como los tuk-tuks. Algunos ejemplos comunes son:

- Te llevan por la ruta más larga posible.
- Ponen el medidor en «tarifa suburbana» en lugar de la tarifa estándar.

- Arrancan con tu equipaje en el maletero cuando sales del coche.
- Te llevan a un desvío donde te esperan sus amigos criminales.

Hay varias cosas que puedes hacer para protegerte de las estafas de taxis:

- Usa taxis oficiales o servicios de transporte como Uber o Grab.
- Opta por el transporte público. Suele ser más seguro y siempre más económico.
- No uses revendedores. Selecciona tu propio taxi o utiliza la línea oficial de taxis.
- Viaja ligero para que no tengas que poner nada en el maletero.
- Conoce la ruta o rastréala tú mismo con tu GPS.
- Ve solo a tu destino original. No permitas que el conductor te lleve a un lugar «mejor» o «más barato».
- Asegúrate de que haya una manija en el intcrior de la puerta antes de entrar en un automóvil.
- Usa el medidor.
- Verifica que la identificación del conductor coincida con la del mismo conductor.
- No compartas taxis.
- Mantén las ventanas abiertas y las puertas cerradas.
- Pregúntale a otra persona, como el conserje de tu hotel, cuánto costaría normalmente el viaje.
- Si tienes una pequeña disputa sobre la tarifa, a menudo es mejor simplemente pagarla.
- Anota el número de matrícula (o toma una foto) y envíala a un amigo o familiar de confianza para que pueda seguir tus movimientos. También toma una foto del conductor. Deja que te vea hacer esto. Primero puedes preguntar si está bien hacerlo. Si se opone, llama a un servicio diferente.

- Si un taxista rechaza tus instrucciones, bájate tan pronto como se detenga en el tráfico.

Carteristas

Un carterista es un ladrón hábil que roba cosas de tu bolsillo o bolso.

Aquí hay algunos consejos para combatir a los carteristas:

- Los bolsillos delanteros de tus pantalones son el lugar más seguro para guardar cosas.
- Evita bolsillos de apertura suelta.
- Usa bolsillos con cremallera o con botones.
- Poner una banda elástica alrededor de tu billetera hará que se pegue a su bolsillo.
- No dejes nada desatendido, especialmente en la playa.
- Ten cuidado en las multitudes, en los cajeros automáticos y cuando se creen distracciones.
- No revises tu billetera constantemente, ya que esta es una señal reveladora de dónde está.
- Esconde la mayor parte de tu dinero en efectivo en una bolsa de dinero alrededor de tu cuello o en un bolsillo secreto de tus pantalones. Mantén suficiente dinero en tu bolsillo para que no tengas que revelar tu lugar secreto en público.
- Solo accede a tu lugar secreto en privado (dentro de un cubículo de baño, por ejemplo).
- Presta atención a tu reloj, especialmente durante los apretones de manos.
- Enfrentarse a un carterista (no a un atracador) en público es generalmente seguro. Él negará cualquier delito, pero probablemente no será violento. Obtén una buena descripción de él para la policía.
- Si te roban la billetera y recibes una llamada de la policía para recogerla, llámalos siempre para verificar que la tengan. El ladrón puede estar intentando que salgas de la

casa. Si un extraño «encuentra» tu billetera, aún debes cancelar sus tarjetas de crédito.

Robo de bolsos

Un ladrón de bolsos es más descarado que un carterista, y más peligroso. Es probable que luche para escapar, ya que no puede negar el crimen.

El robo de bolsos es un término genérico. Se aplica a todo lo que lleves, como un bolso o un teléfono.

Para protegerte de un ladrón de bolsos o de alguien tratando de sacar algo de tu bolso:

- Usa correas y colócalo en tu cuerpo de manera que quede al frente.
- Mantenlo cerca y apretado.
- Cuando estés caminando, llévalo del lado alejado de la calle.
- Asegúrate de que esté bien cerrado.
- En un baño, mantenlo alejado de la puerta y del espacio abierto debajo del baño. Elige un puesto con una pared sólida en un lado.

Estafador

Un(a) estafador(a) es alguien que se gana tu confianza y luego se aprovecha de usted. Después de entablar una buena relación contigo, un estafador puede usar uno o más de los siguientes trucos psicológicos.

Reciprocidad. Cuando alguien te da algo, tienes la tendencia de devolver algo a cambio. Esto puede ser un favor, un regalo, dinero, información, etc. El estafador te dará algo y querrá algo más grande a cambio.

Una variación de esto es que él te ayude sin que se lo pidas y luego espere dinero. Esto es común al viajar. Por ejemplo, puedes encontrarte con porteadores no oficiales.

Pequeña solicitud. El estafador puede comenzar a hacer pequeñas solicitudes que es probable que se las concedas. A medida que te acostumbres a dar, las solicitudes serán mayores. Una variación de esto es para pedirte algo grande. Cuando te niegues, te pedirá algo más razonable, que es lo que realmente quiere.

Unirte al grupo. La gente naturalmente quiere hacer cosas que otras personas están haciendo. El estafador te hará suponer que «todos los demás lo están haciendo» y tú también deberías hacerlo.

Escasez. Esta estafa juega con tu miedo a perderte algo: el sentimiento de que mejor haces o compras algo pronto, antes de que ya no esté disponible.

Capítulos Relacionados

- Detectar Mentiras
- Carterista

HABITACIONES SEGURAS

Una habitación segura es un lugar fortificado dentro de tu hogar donde puedes refugiarte en caso de un intruso o una situación de desastre. No necesitas construir una habitación segura especialmente diseñada. He aquí cómo hacer una.

Elige la habitación

Usa cualquier habitación que sea accesible para todos los miembros del hogar. Considera a las personas con movilidad limitada, como los ancianos, los discapacitados y los niños. La habitación debe poder cerrarse desde adentro, pero permanecer desbloqueada para que todos puedan acceder a ella en caso de emergencia.

Lo mejor es una habitación con pocos puntos de entrada o salida.

Asegura la habitación

Haz las siguientes modificaciones para que puedas asegurar la habitación desde el interior:

- Puerta maciza.
- Cerrojo.
- Barricadas adicionales en puertas y ventanas.
- Lugar detrás de lo que te puedas esconder si te disparan.

Almacenar la habitación

Acumula suficientes suministros para que tu familia dure al menos tres días, así como algunos artículos de seguridad y rescate. Como mínimo, incluye lo siguiente:

- Teléfono celular y cargador.
- Linternas y baterías de repuesto.
- Botiquín de primeros auxilios y medicamentos recetados.

- Alimentos no perecederos.
- Agua para beber y para la higiene.
- Productos sanitarios.
- Cubos y bolsas de basura para lavados.
- Armas. (Guárdalos adecuadamente).
- Alimentación de cámaras de seguridad.

Capítulos Relacionados

- Puntos de Entrada Seguros

TRATO CON LA POLICÍA

A menos que seas una víctima que necesite ayuda de emergencia, es mejor mantenerse alejado de la policía. Hay una línea muy fina que separa al «testigo» del «sospechoso», y una vez que deciden capturarte, tus posibilidades de escapar son pocas.

La regla número uno para tratar con la policía, es no ofrecer voluntariamente ninguna información, a menos que conduzca a la captura inmediata de un criminal peligroso (la dirección en la que corrió el tirador, por ejemplo).

Ten mucho cuidado con la policía y otros servicios gubernamentales en tiempos de disturbios civiles. Se convierte en una cultura de «nosotros contra ellos», y son un grupo entrenado con armas.

A continuación, se ofrecen algunas recomendaciones generales para tratar con policías hostiles. Ten en cuenta el país específico y la situación en la que te encuentras.

Qué hacer:

- Mantén tus manos a la vista.
- Pregunta si te están deteniendo. Si no, aléjate. Si es así, quédate en un solo lugar hasta que te indiquen que te muevas.
- Dales tu identificación si te la piden.
- Conoce tus derechos civiles en el país en el que te encuentras (los que están relacionados con registrar el cuerpo y la detención, por ejemplo).
- Si la policía se encuentra en tu casa con una orden de arresto, sal y cierra la puerta detrás de ti.
- Notifica a diferentes personas de tu arresto o detención: cuantas más, mejor.
- Asegúrate de que todos los involucrados sepan guardar silencio.

- Registra tus interacciones con la policía por escrito o en video.

Qué no hacer:

- Correr o resistir el arresto, excepto en circunstancias especiales. Tocar a los agentes de policía o su equipo.
- Hacer movimientos bruscos.
- Ser grosero. En su lugar, di cortésmente: «Lo siento, no tengo nada más que decir».
- Aceptar ir a la estación, a menos que te estén arrestando. Inmiscuirte en cualquier situación innecesariamente.
- Dar tu consentimiento para que se registre su persona, casa, automóvil u oficina. Si lo llevan a cabo, di enérgicamente «No doy mi consentimiento para este registro», pero no te resistas físicamente.
- Confesar a cualquiera. Otros reclusos pueden ser informantes. Nunca hables de tu caso con nadie más que con tu abogado. Dejarte llevar de sus tácticas de interrogatorio.

Las tácticas comunes de interrogatorio incluyen:

- Detención prolongada.
- La afirmación de que tienen pruebas, por lo que tiene sentido que confieses.
- Cargos falsos por no responder preguntas.
- La afirmación de que tus amigos han cooperado o se han vuelto contra ti. Castigo más leve por una confesión.
- Una rutina de «policía bueno, policía malo».

Paradas en el tráfico

Cuando un policía te indica que te detengas:

- Enciende las luces de emergencia y conduce lentamente

hasta un lugar seguro. Un lugar seguro es aquel alejado del tráfico, que esté bien iluminado y haya testigos.

- Permanece en tu vehículo, apaga la radio, enciende la luz interior y coloca las manos en el volante.
- Muévete solamente cuando se te pida y muévete lentamente.
- Nunca admitas una ofensa. Si te preguntan si sabes por qué te detienen, di que no.
- No impugnes ninguna citación que te dé el oficial. Mejor llévalo al tribunal más tarde.

DESAPARECER PERMANENTEMENTE

Existen algunas razones por las que quizás prefieras desaparecer permanentemente. Es posible que tengas que esconderte del gobierno, de los gánsteres o de un acosador, por ejemplo. Si estás pensando en hacerlo, aquí hay algunas cosas que debes considerar.

Dónde ir

De quién te escondes determinará qué tan lejos tienes que huir: a una ciudad, estado o país diferente.

Elige un lugar inesperado para que nadie piense en buscarte allí.

Cuando huyas de la ley, ve a algún lugar que no tenga un tratado de extradición con tu país y donde haya menos control gubernamental. El sudeste asiático o América Latina pueden ser buenas opciones. El tiempo es clave; tienes que irte antes de que te pongan en una lista de personas de exclusión aérea.

Cortar lazos sociales

Es preferible hacer esto lentamente, para que cuando finalmente desaparezcas, la gente no dé la voz de alarma.

- Empieza a ver cada vez menos a tus amigos y familiares, hasta que se considere normal no saber de ti.
- Elimina tus cuentas de redes sociales.
- Deja tu trabajo oficialmente, para que nadie se preocupe cuando no te presentes.
- Dile a cualquiera que pueda preocuparse, que te vas de vacaciones prolongadas y que no te comunicarás con ellos. Usa la excusa de una desintoxicación electrónica.

De viaje

Haz planes de viaje ficticios con tarjetas de crédito, luego lleva a cabo tus planes reales con dinero en efectivo.

Ocultar tu identidad

Una vez que «desaparezcas» oficialmente, debes mantener en secreto tu antigua identidad.

- Retira todo tu dinero por etapas antes de partir y paga en efectivo por todo.
- Quema toda tu identificación, tarjetas bancarias, etc. Mantente alejado de los problemas.
- Nunca vayas a ningún lugar ni hagas nada donde alguien pueda pedirte una identificación (no conducir).
- Alquila directamente en lugares con carteles de «se alquila» y conviértete en un inquilino perfecto.
- Evita las cámaras de seguridad. Si esto no es posible, mantén la cabeza gacha y usa gafas de sol y un sombrero o sudadera con capucha.
- Deja correr agua si sospechas que hay dispositivos de escucha.

Contactar a tu hogar

No contactes a nadie de tu vida anterior a menos que sea absolutamente necesario. Si tienes que hacerlo, llama desde un lugar donde no te estés quedando, como en un estado diferente.

Usa un teléfono desechable (un teléfono prepago que no necesita que muestres una identificación para comprarlo). Mantén la llamada en menos de tres minutos y no digas nada que revele tu ubicación o planes.

Una vez hayas terminado, retira la batería y la tarjeta SIM del teléfono y rómpelo.

EVITAR TENTACIONES

Si para empezar no eras un objetivo obvio, es menos probable que te conviertas en uno.

Un concepto importante para aumentar la seguridad en todas las situaciones es «ser el hombre gris». El hombre o mujer gris se mezcla. Él o ella no tiene nada de especial y no:

- Actúa bulliciosamente.
- Muestra ropa, joyas, teléfonos caros o llamativos o identificadores obvios, como tatuajes.
- Actúa como turista (tomando fotografías, mirando mapas, hablando un idioma extranjero, etc.).

Otro aspecto importante para no convertirse en víctima es la aptitud física. Si parece que puedes luchar, huir o perseguir a alguien, es menos probable que seas un objetivo.

La combinación de ser un hombre gris, con aptitud física y estar consciente te convierte en un objetivo terrible. La mayoría de los delincuentes no se molestarán y perseguirán un objetivo más fácil, de los cuales hay muchos.

OCULTAR TUS OBJETOS DE VALOR

Tener la apariencia de que no tienes nada de valor disminuye la posibilidad de que tu casa o automóvil sean invadidos para obtener ganancias monetarias.

Cuando ocultes cosas, considera la cantidad de acceso que necesitas en comparación con la cantidad de seguridad que necesitas. Cuanto más tiempo se tome ocultar un objeto, más tiempo se tomará descubrirlo, tanto para ti como para el delincuente.

En tu persona

Cuando estés fuera de casa, no traigas objetos de valor innecesarios. Lleva contigo una billetera falsa que contenga un poco de dinero en efectivo, una única forma de identificación antigua (con una dirección anterior) y una tarjeta de crédito vencida.

Mantén dinero en efectivo y una tarjeta de crédito en un lugar secreto, como:

- Un bolsillo secreto.
- La suela de tu zapato
- El forro de tu ropa.

Para esconder algo en la suela de tu zapato, ahueca el talón por dentro, debajo de la plantilla. Rellena el espacio muerto y pega la plantilla de nuevo.

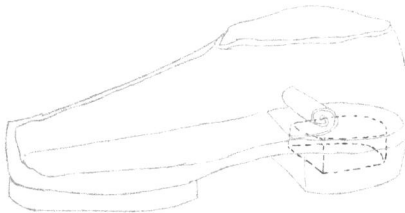

En tu coche

No dejes nada valioso a la vista. Incluso un poco de cambio atraerá a los ladrones. Por lo menos, colócalo debajo de un asiento o en la guantera.

El maletero es el mejor lugar para cualquier objeto de valor, ya que está fuera de la vista y tiene un candado seguro. Para escondites más complejos, intenta usar el interior de los paneles de las puertas o coser objetos de valor en la tapicería.

No dejes señales obvias de que eres mujer. Es mejor que dejes señales que sugieran que eres hombre, como una gorra deportiva barata.

En casa

Hay muchos buenos lugares para esconder artículos pequeños y medianos en el hogar, pero esconder electrodomésticos, como tu televisor de pantalla grande, no es práctico.

Cierra las persianas para evitar que las personas puedan ver el interior de tu casa y no dejes nada valioso al aire libre. Esto incluye señales de haber hecho nuevas compras, como el empaque de tu nueva consola de juegos.

Cierra tu automóvil en el garaje (lo que también hará que tu rutina sea más difícil de rastrear) y guarda todas tus herramientas.

Tienes varias opciones de lugares para poner cualquier cosa que quieras esconder dentro de tu casa.

Dónde no esconder cosas

Todo el mundo conoce los escondites obvios, especialmente los ladrones. No escondas cosas en los siguientes lugares:

- El dormitorio principal. Deja tu billetera falsa con $ 20 y algunas joyas baratas como señuelo.

- Dormitorio de un niño.
- Cualquier escondite cliché, como el cajón de la ropa interior o calcetines, el colchón, el congelador o el tanque del inodoro.

Lugares fáciles para ocultar cosas

Estos escondites son rápidos y fáciles de crear y acceder sin causar daños. También funcionan bien con habitaciones de hotel y edificios de oficinas.

Cuando escondas algo en una habitación de hotel, no olvides colgar el cartel de «no molestar». Luego coloca tu(s) artículo(s):

- En el caño de la bañera. Empaquétalo también con papel higiénico para que no se caiga.
- Dentro de una barra hueca para cortina de ducha. En los dobladillos de las cortinas de las ventanas. Debajo de la funda de la tabla de planchar.
- Pegado al fondo de un cajón inferior. Pegado al fondo de muebles pesados. Dentro de cojines con cremallera.
- En marcos de cuadros.
- Dentro de productos de baño. Primero impermeabiliza el artículo con plástico.
- En una caja fuerte a prueba de incendios atornillada al piso y escondida, pero no en el dormitorio principal.

Lugares de categoría media para ocultar cosas

Puede que necesites una herramienta para crear o acceder a estos escondites:

- Dentro de la carcasa del teléfono fijo. No escondas nada en un tomacorriente.
- Debajo de un trozo de alfombra tirada en la esquina de un armario.
- Dentro de la carcasa del televisor.

- En un libro ahuecado. Usa una navaja para ahuecar algunas páginas.
- En una lata ahuecada. Abre la parte inferior (no la quites) y reemplaza el contenido con tu(s) artículo(s).
- Dentro de los canales de ventilación. Coloca el artículo de costado para que no se caiga fuera de tu alcance.

Lugares difíciles para ocultar cosas

Tendrás que hacer algo de construcción menor para hacer estos escondites.

- Dentro de un espacio muerto en una pared o puerta (detrás del botiquín, por ejemplo).
- En una caja fuerte empotrada en una pared. Cúbrela con un cuadro. En patas de mueble ahuecadas.
- Debajo de un mueble de cocina. Retira la tabla de apoyo, esconde tus cosas y usa velcro para pegarlas.

Creación de una habitación secreta

Puedes crear habitaciones secretas con habitaciones de entrada única que ya existen o áreas más grandes de espacio muerto, como la que está debajo de la escalera. Para hacer esto:

- Retira la puerta y la moldura.
- Rellena la apertura con paneles de yeso, a excepción de un pequeño punto de entrada.
- Crea algo para cubrir la entrada que se pueda cerrar desde el interior, como una estantería que se deslice o haga pivote.

Tu habitación secreta puede funcionar como una habitación segura.

Capítulos Relacionados

- Evitar el Peligro
- Habitaciones Seguras

PROTEGE TU PRIVACIDAD

Cuanto menos sepa la gente de ti, menos probabilidades tendrás de ser una víctima. A continuación, algunos consejos para proteger tu información confidencial:

- Nunca etiquetes tus llaves con una dirección.
- Usa un apartado de correos para la correspondencia. Para los lugares que no aceptan apartados de correos, cambie «Apartado de correos» por «Apt».
- Haz que tus compañeros de trabajo controlen las llamadas y los visitantes. Destruye el correo desechado.
- Quita tu nombre o título de tu lugar de estacionamiento reservado.
- Mantente fuera de todas las listas públicas, como directorios telefónicos y listas de contactos escolares.
- Mantente alejado de los medios.
- Ruido de interferencia estática con su teléfono, radio o servicio de computadora puede ser una indicación de que el dispositivo esté interferido o «pinchado». Compra un detector de señal de RF barato para verificar.

Cuando haya gente buscando información tuya, usa una o más de las siguientes tácticas.

- Sé directo. Di: «Lo siento, no lo sé».
- Responde con una pregunta, como: «¿Por qué preguntas?».
- Cambia el tema.
- Refiere a la persona a una fuente alternativa. Por ejemplo, podrías decir: «Creo que Bill lo sabe».

Capítulos Relacionados

- Seguridad Digital

MUÉSTRATE SEGURO

No ser una víctima obvia es bueno, pero dejar en claro que tu hogar es seguro es mejor.

Deja señales de que tu casa no es un buen objetivo. Quieres que tu casa se vea más segura que el resto de las casas de tu calle.

Haz lo siguiente, incluso si todo es falso. A menos que seas un objetivo específico, los delincuentes no se molestarán en averiguarlo. Es más fácil ir a la siguiente casa.

- Coloca calcomanías de seguridad en las ventanas cerca de las puertas y puertas corredizas.
- Ten una señal de seguridad en tu patio delantero.
- Monta cámaras de seguridad. Si son falsas, asegúrate de que tengan luces rojas parpadeantes que funcionen con baterías.
- Coloca zapatos de hombre o cuencos grandes para perros cerca de las puertas delanteras y traseras.
- Coloca un letrero del tipo: «Se disparará al intruso a la primera vista» o «Hay perro guardián».
- Elimina cualquier señal de ausencia. Recoge el correo, vacía los contenedores y elimina cualquier volante o marcación. Los delincuentes usan cinta adhesiva o señales para marcar una casa para un posible robo.
- Si no estás en casa, usa luces con temporizador escalonadas que se encienden en la cocina y la sala de estar temprano en la noche, y en los dormitorios por la noche.

PUNTOS DE ENTRADA SEGUROS

Mientras más seguros sean tus puntos de entrada, más difícil será para un delincuente ingresar a tu dominio.

Barreras exteriores

Tu primera línea de defensa es tu patio delantero. Quieres que los visitantes lleguen con facilidad a tu puerta principal y no a otro lugar.

Puedes lograr esto con la canalización. Crea un camino obvio desde la acera hasta la puerta de tu casa y coloca obstáculos en todas partes.

Los obstáculos pueden ser de origen humano (estanques, vallas, muro de piedra caliza o roca) o naturales (setos, arbustos espinosos, vegetación densa).

Garaje

Siempre cierra y pon seguro a tu garaje. Ciérralo con candado si te vas a ausentar por más de unos días.

Mantén el abrepuertas de garaje en un lugar seguro, no visible en tu automóvil, y siempre cierra la puerta que conecta a tu casa con el garaje.

Un delincuente inteligente puede alcanzar fácilmente la cuerda de tracción manual para abrir la puerta de tu garaje. Átala o córtala.

Llaves

Nunca escondas tus llaves afuera ni las dejes en tu automóvil, incluso si tu automóvil está en un garaje seguro. Es mejor dejar un juego de repuesto con un vecino de confianza. Si pierdes tus llaves, cambia tus cerraduras inmediatamente.

Cambia todas las cerraduras exteriores cuando te mudes a una nueva casa o apartamento.

Ventanas

Instala cerraduras sólidas en todas tus ventanas y usa plexiglás o película de seguridad para hacer que los cristales sean más difíciles de romper.

Asegúrate de que las unidades de aire acondicionado montadas en la pared estén seguras para que los criminales no puedan sacarlas y meterse por este espacio.

Si instalas rejas de seguridad, asegúrate de tener formas de escapar en caso de incendio.

Colocar gravilla debajo de las ventanas en el exterior te permitirá escuchar el crujido si se acerca un intruso por la noche.

Puertas corredizas de vidrio

Las puertas corredizas de vidrio son muy fáciles de romper. Una cortina de seguridad es imprescindible.

Considera instalar una barra en la puerta del patio (barra charley), que es una barra especialmente diseñada que cruza la puerta, lo que la hace a prueba de palanquetas.

Puertas Exteriores

Una puerta exterior es aquella que permite el acceso desde el exterior a tu casa o garaje. Para que tu hogar sea más seguro, haz lo siguiente en tus puertas exteriores.

- Instala puertas sólidas con cerraduras fuertes.
- Usa un cerrojo con placa de impacto resistente y asegúrate de que esté instalado correctamente, de modo que el perno entre completamente en la placa de impacto.

- Atornilla las bisagras y las cerraduras con tornillos para madera de tres pulgadas y usa pasadores de bloqueo en las bisagras para que no puedan sacarse.
- Instala cortinas de seguridad y retira todas las puertas para perros.

También puedes usar estos consejos para tu habitación segura.

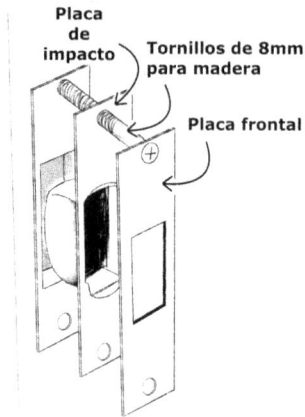

Hotel/Oficina/Edificio público

Usa siempre el cerrojo para cerrar tu habitación. Los candados de cadena o barra son solamente para mayor seguridad.

Las manijas de palanca son fáciles de vencer. Coloca una toalla debajo de la puerta para bloquear el espacio o coloca una en el espacio de la manija.

Barricadas

La manera de crear barricadas para las puertas depende de cómo se abran.

Para las puertas que se abren hacia afuera, instala un ojal en la pared y pasa un cable fuerte desde el ojal hasta la manija. Cuando se tira de la puerta, el cable evitará que se abra.

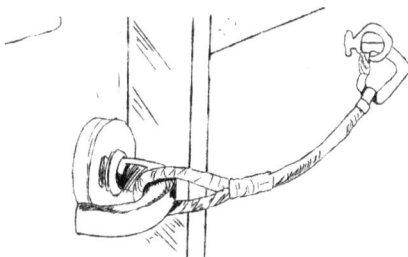

En una situación improvisada, ata algo desde la manija de la puerta a un punto fijo (preferido) u objeto pesado. Los cables de alimentación eléctrica son una buena cuerda improvisada.

Para un anclaje de punto fijo, ajusta la cuerda lo más posible.

Si es un objeto pesado pero movible, asegúrate de que se atasque si lo jalas, para que la puerta no se pueda abrir.

El objeto no tiene que ser pesado. Si se atasca y no se rompe fácilmente, funcionará. Una escoba fijada horizontalmente a través del marco de la puerta y anclada firmemente contra la manija de la puerta no se moverá fácilmente.

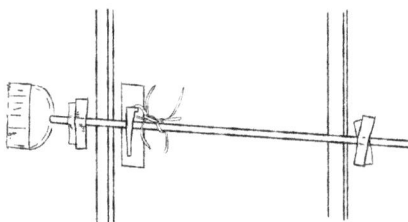

En puertas que se abren hacia adentro, instala ojales en ambos lados de la puerta y pasa un poste a través de ellos para evitar que la puerta se abra.

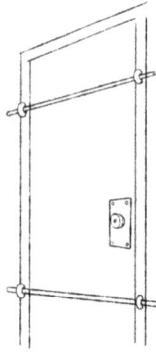

Cuando eso no esté disponible, o para barreras adicionales en el caso de un intruso, haz todo lo que puedas de lo siguiente:

- Crea una barricada en la puerta con muebles pesados.
- Coloca cuñas entre el marco y la puerta.
- Coloca cuñas debajo de la manija de la puerta.

Capítulos Relacionados

- Cuñas
- Escapar de Habitaciones y Edificios

AUMENTAR LA VISIBILIDAD

Deseas poder ver tanto como sea posible alrededor de tu casa desde tus ventanas o cámaras de seguridad.

Para hacer esto, primero averigua dónde no puedas ver. Observa a tu alrededor durante el día y la noche en busca de puntos ciegos y posibles escondites, especialmente cerca de los puntos de entrada.

Una vez que hayas identificado los puntos ciegos, elimina todo lo que obstruya tu vista. Puede que tengas que recortar el follaje, por ejemplo.

La iluminación te ayuda a ver y es un gran elemento disuasivo. Instala reflectores con sensores de movimiento alrededor de tu propiedad.

Cámaras de seguridad

La instalación de cámaras de seguridad en y alrededor de tu casa actúa como disuasivo y te permite recopilar pruebas. Asegúrate de que tus cámaras de seguridad sean a prueba de manipulaciones colocándolas fuera de alcance y en una carcasa resistente. Haz esto también para tu iluminación.

Un enfoque estrecho (pasillos o puertas) es bueno para ver rostros, mientras que las tomas de gran angular de su jardín capturarán vehículos.

Revisa las imágenes con regularidad (todos los domingos por la mañana, por ejemplo). También puedes monitorear tus cámaras en vivo a través de una aplicación en tu teléfono inteligente. Esto es excelente para verificar su alimentación interna desde tu habitación si escuchas un ruido o si tienes trabajadores en tu hogar mientras estás fuera.

Dispositivo de escucha hecho en casa

Cuando quieras escuchar a la gente, usa una prótesis auditiva para amplificar tu audición.

Alternativamente, convierte un par de auriculares (o cualquier alta-voz) en un dispositivo de escucha. Cambia los cables positivo (rojo) y negativo (negro) que van en el auricular. Conecta el conector de audio a un dispositivo de grabación o teléfono celular.

Una grabadora digital activada por voz solo grabará cuando las personas estén hablando.

Si deseas escuchar la conversación en tiempo real, usa un teléfono celular configurado para responder automáticamente. Ponlo en silencio, y llámalo cuando quieras escuchar.

INSTALAR SISTEMAS DE ADVERTENCIA

Hay varias formas de configurar sistemas de alerta temprana que te alertarán sobre intrusos.

La iluminación del sensor de movimiento es una precaución mínima. La instalación de un sistema de alarma también es una opción. Asegúrate de que sea inalámbrico y a prueba de manipulaciones.

Vigilancia del vecindario

La creación y participación en un programa de vigilancia del vecindario utiliza el principio de «seguridad en números» y construye una comunidad confiable. Esto tiene numerosos beneficios:

- Los vecinos pueden advertirse unos a otros de actividades inusuales.
- Tu familia sabrá a qué casa(s) pueden ir a buscar seguridad si es necesario.
- Es más fácil resolver los conflictos entre vecinos si tienes una relación amistosa.

Perros

Hay dos tipos de perros a considerar por motivos de seguridad.

Un perro de vigilancia es un sistema de alarma. Hará mucho ruido a los intrusos mientras (generalmente) se mantiene amistoso con las familias.

Un perro guardián también es un sistema de alarma, pero es más probable que atrape a intrusos. La mayoría de las razas de perros guardianes son más grandes que las razas de perros de vigilancia.

Cualquier tipo de perro es una buena opción y puedes elegir una raza específica dependiendo de las características que desees. Las razas mixtas también funcionan bien y, a menudo, tienen menos problemas de salud.

Un perro vigilante o guardián eficaz no necesita ser demasiado grande, pero cualquier cosa demasiado pequeña (como perros de juguete) no disuadirá a la mayoría de los delincuentes.

Sea lo que decidas, entrena adecuadamente a tu(s) perro(s) con refuerzo positivo, y tómate los ladridos en serio. Empieza con un entrenamiento básico de obediencia (siéntate, quédate, ven, etc.).

Todos los perros de vigilancia harán ruido a un intruso instintivamente. Algunos perros guardianes pueden simplemente sentarse y gruñir. Anímalos a investigar los ruidos extraños de forma instintiva y por orden («ve y mira»), y a ladrar cuando haya visitas. Entrena a tu perro para que deje de ladrar cuando se le ordene.

Dependiendo de tu propiedad, llevar a tu perro a caminar dos veces al día alrededor de los límites de tu vivienda es una buena idea. Eventualmente. lo patrullará por su cuenta durante todo el día.

Muchos perros no te protegerán instintivamente. Entrena al tuyo para atacar cuando lo ordenas, y no antes. También debe aprender a dejar el ataque cuando se le ordena. La lealtad de tu perro viene a través del amor y la disciplina. Trátalo bien y habrá más probabilidad de que se arriesgue por ti.

Alarmas de activación

Las alarmas de activación son buenas para tenerlas en cualquier lugar donde creas que se acerca un intruso, o en lugares que creas que no son lo suficientemente seguros, como en lugares oscuros y entradas de cobertizos o en ventanas y cercas.

Para configurar una alarma de viaje, lo único que necesitas es un hilo de pescar y una alarma de pánico barata de tirar. Asegúrate de que la alarma sea fuerte y resistente al agua.

Para las alarmas de activación a nivel del suelo, coloca la alarma en un árbol (o lo que sea) a la altura de la espinilla. Ata el hilo de pescar de la parte movible a otro árbol a lo largo del camino que deseas asegurar. Debe estar tenso, pero no demasiado, o podrá recibir falsas alarmas.

Frase de pánico

Tenga una frase familiar de pánico para comunicarse entre sí cuando algo no sea seguro o se necesite ayuda sin que sea obvio. Por ejemplo, si hay un intruso en la casa, puedes usar la frase de pánico para que los miembros de la familia sepan que no deben regresar a casa, y pedir ayuda.

PLANIFICACIÓN Y PREPARACIÓN

Un plan es una serie predefinida de pasos que tomarás para lograr un resultado específico.

La preparación consiste en utilizar la información de tu plan para prepararte lo más posible antes de actuar.

En casi todas las áreas de la vida, la planificación y la preparación aumentan las posibilidades de éxito. En el contexto de los temas tratados en este libro, tener éxito significa escapar del peligro.

CREAR PLANES

Crear un plan correctamente en la vida diaria es la mejor forma de interiorizar el proceso. De esa manera, cuando tengas que hacer un plan bajo estrés, podrás hacerlo.

Al seguir estos pasos, accede a la situación de manera objetiva. Confía primero en los hechos y en segundo lugar en las experiencias pasadas.

Cuando no haya tiempo, sigue el proceso lo mejor que puedas. La mente humana es asombrosa y puedes hacer cálculos inteligentes muy rápidamente.

Decide tu meta

Sin un objetivo claro, no podrás imaginarte la mejor manera de lograrlo.

Evaluar fortalezas y debilidades

Evalúa tus fortalezas y debilidades, junto con las de tu equipo y tu enemigo (si corresponde).

Considera:

- Habilidades.
- Los recursos que tienes, como herramientas, armas y personas.
- Los recursos que necesitas.
- Obstáculos que son conocidos, probables o posibles.

Formula varios planes posibles

La creación de más de un plan evita la estrechez de mente. También te brinda planes de respaldo. No siempre hay tiempo para crear más de un plan, pero si lo hay, hazlo.

Predecir resultados

Predecir los resultados de cada plan, considerando los pros y los contras. Los contras deben incluir las posibles consecuencias negativas.

Prioriza tus planes

Elige lo que creas que es el mejor plan en función de tus posibilidades de éxito. Los planes simples generalmente significan menos cosas que pueden salir mal. Elige también dos planes de respaldo en orden de preferencia.

Analiza tus planes

Analiza en detalle cada uno de tus planes elegidos. Practícalos si las circunstancias lo permiten. Considera todo lo que pueda salir mal y verifica los detalles.

PREPARACIÓN

Una vez que hayas finalizado tus planes, comunícaselos a quien necesite saberlos (los miembros de tu familia, por ejemplo) y comienza los preparativos. Los preparativos incluyen reunir recursos y ensayar escenarios.

Reunir recursos

Para reunir recursos, escribe una lista de todas las cosas que necesitas para llevar a cabo el plan de manera efectiva y cómo adquirirlas. Una vez que tengas tu lista, sal y consigue las cosas.

Ensayo

Ensayar es practicar el plan en tiempo real. Graba las acciones necesarias en tu mente, lo que te facilitará la ejecución del plan en momentos de estrés. Trata de crear un escenario lo más parecido posible a la vida real. Esto también te ayudará a descubrir y corregir cualquier falla en tu plan.

No es improbable que tengas que actuar en la oscuridad en algún momento. Por ejemplo, puede haber un corte de energía por la noche, o tus secuestradores pueden vendarte los ojos. Ensaya para esto. Cierra tus ojos, ponte una venda en los ojos, entrena de noche con las luces apagadas: haz como mejor te parezca.

La capacidad de navegar por su casa en la oscuridad es vital, ya que te dará una ventaja sobre cualquier intruso. Mantener las cosas en su lugar y el orden general del hogar ayuda.

Ten en cuenta la necesidad de mantener seguros tus ensayos. Esto no debe ser un problema, porque si algo es demasiado peligroso para hacer en el ensayo, probablemente tampoco valga la pena intentarlo en la vida real.

ENTRENAMIENTO

Otra parte de la preparación es el entrenamiento general de mente y cuerpo.

Mente

Entrenar tu mente te mantendrá más calmado en situaciones estresantes. Haz esto con meditación regular.

La respiración de patrón cuadrado es un método de respiración profunda ideado por Mark Divine. Puedes usarlo para calmarte rápidamente durante situaciones estresantes o como una forma de meditación respiratoria.

- Vacía tus pulmones de todo el aire.
- Mantén los pulmones vacíos durante cuatro segundos.
- Inhala por la nariz durante cuatro segundos.
- Mantén el aire durante cuatro segundos.
- Exhala durante cuatro segundos.
- Repite esto todo el tiempo que lo necesites o desees.

Cuerpo

Entrenar tu cuerpo te mantendrá físicamente fuerte. Esto te hará menos objetivo (los depredadores prefieren cazar a los débiles) y aumentará tu capacidad de lucha o huida. Para entrenar tu cuerpo, debes comer bien y hacer ejercicio.

Consume una dieta equilibrada, que incluya muchas verduras. Si deseas un plan de alimentación detallado, visita:

www.SurvivalFitnessPlan.com/Nutrition-Guidelines

Para el entrenamiento físico, ejercítate usando habilidades que te ayudarán en la lucha o la huida, como la autodefensa o el parkour.

Como rutina de entrenamiento básica, repite lo siguiente unas cinco veces. Hazlo al menos tres veces por semana:

- Treinta segundos de golpes agresivos sin parar en un saco de boxeo.
- Un sprint de 60 segundos.
- Treinta segundos de descanso.

MANTÉN ARTÍCULOS DE UTILIDAD CERCA DE TI

Tener algunas cosas al alcance de la mano puede marcar una gran diferencia. Como mínimo, mantén los siguientes artículos en lugares en los que te encuentres con frecuencia, como tu dormitorio, automóvil u oficina.

- Linterna.
- Teléfono y cargador.
- Arma (pistola, cuchillo, bolígrafo táctico, gas pimienta, bate de béisbol).

EQUIPO DE SUPERVIVENCIA ENCUBIERTA

Un kit de supervivencia encubierta es un grupo de elementos que puedes usar para escapar y sobrevivir, que se extiende y esconde alrededor de tu cuerpo. Haces esto para tener una mejor oportunidad de retener esos artículos si te registran.

Los mejores lugares para esconder cosas son donde la gente no querrá buscar, como en el vello púbico, las caries o las heridas falsas.

Otras posibilidades incluyen:

- Zapatos (lengua, suela).
- Dobladillos de ropa.
- Pretina.
- Pelo.

Considera si un artículo debe estar accesible cuando tengas tus manos restringidas. Como mínimo, incluye:

- Una brújula de botón.
- Dinero en efectivo.
- Una linterna LED.
- Paracord.
- Clips de papel.
- Un poncho.
- Un teléfono inteligente.
- Un bolígrafo «táctico».
- *Una palanca Ferro.
- *Un mechero.
- *Una hoja de afeitar.

Algunos artículos adicionales para considerar son:

- Horquillas.

- Comida.
- Una llave de esposas.
- Un mapa local.
- Pastillas purificadoras de agua.
- *Un cuchillo.

* Es posible que estos artículos no pasen por áreas seguras, pero son baratos, por lo que, si los confiscan o los tienes que tirar de antemano, no es grave.

Brújula de botón

Una brújula facilitará mucho la navegación, pero la mayoría de las brújulas de botones son inexactas. Asegúrate de obtener una de alta calidad. Silva y Suunto son marcas de renombre.

Dinero en efectivo

Los dólares estadounidenses son la moneda preferida para llevar, además de la moneda local. También se aceptan ampliamente libras esterlinas o euros. Esconde algunos billetes más pequeños y ten una billetera falsa que tus captores puedan confiscar.

Linterna LED

Una pequeña linterna LED puede ayudarte a ver en la oscuridad, pedir ayuda y atraer peces en una situación de supervivencia.

Paracord (cuerda de paracaídas)

Reemplaza los cordones de tus zapatos con paracord y úsalo para cortar ataduras, pescar, reparar cosas y más.

Clips de papel

Lleva varios sujetapapeles más grandes y resistentes en tu bolsillo o sujetos a tu ropa. Son ideales para abrir cerraduras, así como para la supervivencia. Puedes hacer anzuelos de pesca improvisados con ellos, por ejemplo.

Poncho

Un poncho de plástico transparente es útil para protegerte, recolección de agua y más. Desafortunadamente, no es práctico llevar uno a menos que tengas una mochila.

Teléfono inteligente

El teléfono inteligente moderno es la mejor herramienta de escape y supervivencia, hasta que se le agota la batería. También será lo primero en ser confiscado. Algunas de las cosas que puedes hacer con él incluyen:

- Pedir ayuda.
- Navegar con la brújula o el GPS integrados.
- Usarlo como linterna.
- Tomar notas y fotos.
- Guardar algunos libros electrónicos, como guías de supervivencia y primeros auxilios.
- Usarlo como espejo de señales improvisado.
- Encender un fuego con la batería. Haz esto solamente si no tiene otro uso.

Bolígrafo «táctico»

El mejor tipo de bolígrafo táctico es el que lleve consigo. Cualquier bolígrafo simple de acero inoxidable funcionará. Busca uno con las siguientes características:

- Es recargable.
- Escribe bien.
- Tiene un clip.
- Tiene una tapa plana.
- Es fácil de reemplazar y económico.
- Puede pasar como un bolígrafo normal.

La mayoría de los bolígrafos tácticos del mercado no cumplen con estos requisitos, especialmente el último. Los que sí los cumplen son:

- Zebra 701
- Zebra 402
- Parker Jotter
- Bolígrafo Fisher Space Military (este es un poco más caro, pero todavía menos de $ 20).

Varilla de ferrocerio

La varilla de ferrocerio te ayudará a iniciar un incendio en caso de emergencia.

Asegúrate de obtener una varilla de ferrocerio, en lugar de un pedernal o magnesio, para que sea más fácil crear una chispa sin el percutor especial.

Una forma de palanca no es tan fácil de usar como el tipo de varilla más común, pero puedes anexarla a la ropa (como una palanca de cremallera, por ejemplo), lo que hace que sea menos probable que sea confiscada.

Mechero

Mientras no se moje, es más fácil encender un fuego con un encendedor que con una varilla de ferrocerio.

También puedes usarlo como un explosivo de distracción improvisado, para pedir ayuda y para la autodefensa.

Hoja de afeitar

Una hoja de afeitar es la mejor alternativa a un cuchillo y es más fácil de ocultar.

Horquillas

Las horquillas son buenas ganzúas improvisadas y funcionan mejor que los sujetapapeles en ciertas cerraduras.

Comida

Una barra nutritiva alta en calorías puede ser de gran ayuda cuando estás varado.

Llave de esposas

Las llaves de las esposas son fáciles de ocultar y hacen que escapar de las esposas sea mucho más fácil. Dependiendo de dónde te encuentres, puede ser ilegal que lleves una.

Mapa local

Esto es útil para la navegación y como papel para escribir si estás desesperado. Nunca desfigures un mapa hasta el punto en que no se pueda usar.

Pastillas purificadoras de agua

Beber agua es esencial para sobrevivir, pero beber agua contaminada te enfermará (o peor). Para evitar esa posibilidad, lleva tabletas de purificación de agua, que son pequeñas, fáciles de usar y confiables.

Cuchillo

Un buen cuchillo es, por mucho, la mejor herramienta de escape, evasión y supervivencia que existe. Una herramienta múltiple o una navaja de bolsillo no es tan buena, pero es mejor que nada y sigue siendo muy útil.

Capítulos Relacionados

- Ganzúa

BOLSAS BUG OUT (BOBS)

Una bolsa bug-out (BOB) es una sola bolsa de suministros que puedes tomar rápidamente y llevar cuando sea necesario. Básicamente es un kit de supervivencia con al menos varios días de provisiones. Debe tener la capacidad de proporcionarte agua, comida, refugio o calor, fuego, rescate, salud y seguridad. Muchos de los artículos que contiene serán de naturaleza general, pero cuando los empaques, también debes considerar los posibles eventos en tu área. De esta manera, no importa cuál sea la emergencia, puedes tomar tu BOB (si es seguro hacerlo) y salir corriendo.

Todos los miembros de tu hogar, incluidas tus mascotas, deben tener su propio BOB, y deben tenerlo en un lugar de fácil acceso en caso de una emergencia. Debajo de la cama o junto a la mesita de noche son buenas opciones.

Asigna la responsabilidad de las mascotas, los bebés, etc. y sus BOB. Hazlo ahora, para que no haya confusión cuando surja una emergencia.

Qué poner en tu BOB

El contenido exacto de tu bolsa dependerá de lo que te hace sentir cómodo y qué eventos crees que es más probable que sucedan. También puedes agregar algunos artículos personales o de comodidad si tienes espacio y tolerancia de peso (es posible que tengas que llevarlos todo el día, todos los días). La bolsa en sí debe ser cómoda y resistente.

Una vez que hayas preparado tu BOB, asegúrate de rotar los perecederos cada cierto tiempo. Aquí hay una lista de elementos que debes considerar incluir en tu BOB:

- Efectivo (billetes pequeños).
- Cuchillo (acero).
- Herramienta múltiple.

- Un litro de agua (mínimo).
- Filtro de agua (portátil o estilo senderismo).
- Alimentos (duraderos y listos para comer; piense en barras energéticas, mezclas de frutos secos, multivitamínicos y mezclas de electrolitos).
- Un juego de ropa de repuesto.
- Manta de emergencia.
- Poncho (el blanco transparente es el mejor).
- Mecheros.
- Varilla de ferrocerio.
- Linterna (foco).
- Silbato.
- Radio de onda corta con AM/FM (a pilas y compacta).
- Baterías.
- Teléfono celular con capacidad GPS (con tarjeta SIM y cargador; lo ideal es un teléfono desechable barato).
- Mapas.
- Brújula.
- Botiquín de primeros auxilios (con antibióticos).
- Artículos de tocador (básicos).
- Kit de costura.
- Cinta adhesiva para ductos.
- Paracord (5m).
- Arma y munición (si es legal).
- Cuaderno y bolígrafos o lápices.
- Bolsas de plástico.
- Fotocopias de documentos importantes (ver final de este capítulo).
- Gafas de natación.
- Mascarilla P100 con salida de aire.
- Artículos para necesidades especiales.

Para mascotas:

- Alimentos o fórmula.
- Agua.

- Correa.
- Juguetes o mantas de confort.

Es una buena idea conseguir una jaula para tu mascota y enseñarle a dormir en ella. De esa manera, será cómodo para él o ella quedarse dentro cuando tengas que irte con prisa. Mantén su BOB encima de la jaula.

CACHÉS

Un caché es un almacén oculto de suministros. Puedes tener cachés en tu casa, en puntos de reunión, a lo largo de tus rutas a ubicaciones de escape o en cualquier otro lugar que creas que tiene sentido.

También puedes tener diferentes cachés para diferentes cosas, ya sea para separar artículos o para empaquetarlos para escenarios específicos.

Contenedores

El contenedor que elijas para tu caché debe proteger los artículos que estás almacenando. Debe ser impermeable, hermético y resistente a la corrosión. Otras características para considerar dependen de qué tan fácil debe ser acceder a ellos y dónde los vas a ocultar. Por ejemplo, ¿se puede enterrar?

Una tubería de PVC con extremos sellados es una opción popular, ya que es duradera, económica y fácil de impermeabilizar, pero cualquier otra caja duradera funcionará siempre que la selles correctamente. Si tiene un revestimiento de goma, eso facilitará tu trabajo. Prueba los sellos sumergiendo el caché en agua caliente y buscando burbujas.

Protección adicional

Impermeabiliza los artículos individuales antes de guardarlos en el escondite a prueba de agua. Puedes usar bolsas de basura resistentes, sellado al vacío, láminas de plástico y cinta adhesiva, etc. Antes de sellar los artículos, agrega desecantes y elimina la mayor cantidad de aire posible.

Los desecantes absorberán la humedad adicional. Los paquetes de gel de sílice son comunes y baratos. Utiliza 5 g por cada 3,5 L (1 gal) de espacio. En caso de duda, agrega más.

Hay muchas otras opciones de desecantes, que pueden o no funcionar así de bien. Estos incluyen arroz, sal, zeolitas, sulfato de calcio y arena para gatos.

Ocultar tu caché

Un factor importante a la hora de decidir dónde ocultar tu caché es su accesibilidad. Debes poder acceder a él en caso de emergencia, así como para mantenimiento.

Otro factor es el encubrimiento. Coloca el caché en un lugar que no sea obvio, pero que te resulte fácil reubicar. Enterrar tu caché es una buena opción, especialmente si está fuera de tu propiedad. Si necesitas un acceso semirregular, considera un entierro poco profundo; por ejemplo, colócalo en una pequeña depresión debajo de una gran roca.

Cuando el caché está en tu propiedad, puedes ocultarlo en tus paredes o techo.

Otras opciones incluyen esconderlo en tu lugar de trabajo, en un contenedor de almacenamiento, en un apartado de correos, en una azotea o incluso bajo el agua (si tienes un barco amarrado en el puerto local, por ejemplo).

Debes evitar algunos lugares como:

- Propiedad privada que no es tuya (a menos que estés pagando por ella, en cuyo caso, mantén el anonimato si es posible y nunca faltes a un pago).
- Lugares poblados (parques, playas, vías de acceso de vehículos).
- Edificios abandonados.
- Cualquier lugar con cámaras de seguridad.
- Lugares donde se podría construir en el futuro (fuera de las zonas urbanas).

La forma en que almacenas tu caché también determinará su ubicación. Por ejemplo, si lo estás enterrando, querrás evitar elegir un terreno que contenga obstrucciones, como rocas, raíces de árboles grandes o tuberías.

También querrás evitar terrenos con mucha humedad o propensos a la escorrentía de la lluvia. En general, no lo entierres en tierras bajas.

Donde sea que elijas, necesitas explorar la ubicación antes de poner tu caché allí. Decide sobre una posible zona desde tu casa primero usando Google Maps / Earth. Luego visita el lugar para evaluarlo más. Comprueba exactamente dónde crees que vas a guardar o enterrar tu caché, así como qué tan segura es el área.

Necesitarás llevar el caché y las herramientas y tener suficiente tiempo para guardarlo (o enterrarlo) sin que nadie te vea. Vigílalo también en diferentes momentos, en caso de que haya un cambio en el nivel de actividad los fines de semana vs. los días de semana, o de noche vs. durante el día.

Una vez que tengas una ubicación exacta, debes recordar dónde está. Quizás lo puedas recordar sin un aviso, pero no confiaría solo en eso a menos que tengas una memoria fotográfica. Las cosas (especialmente tus recuerdos) cambian con el tiempo. Una mejor idea es escribir instrucciones no específicas que comprendas, pero que serán inútiles para otros. Otras opciones son almacenar la ubicación en tu GPS, registrar las referencias de la cuadrícula en un mapa o incluir un pequeño rastreador Bluetooth en la caché.

Guardar el secreto

No tiene sentido ocultar un caché si otras personas saben sobre esto. De hecho, ni siquiera le digas a nadie que planeas hacerlo. Si vives en una zona rural donde se corre la voz fácilmente, compra los suministros en una ciudad diferente.

Cuando ocultes físicamente (o accedas) a tu caché, debes estar lo más encubierto posible. Hazlo al anochecer o al amanecer de un domingo o lunes, y usa guantes para que no haya huellas digitales. Usa una linterna solo si es necesario y asegúrate de que sea roja o azul (nunca uses luz blanca). Asegúrate de no dejar señales de tu presencia. Esto significa estacionar tu automóvil fuera del camino y caminar sin dejar un rastro obvio. A menos que estés enterrando su caché, también debes considerar formas de camuflarlo.

Asegúrate de que ningún dispositivo GPS (teléfonos, automóviles, etc.) registre a dónde vas y prepara una historia alternativa en caso de que alguien venga. Por ejemplo, digamos que estás haciendo un proyecto de cápsula del tiempo o buscando tesoros con un detector de metales. Lleva equipo para confirmar tu encubrimiento y asegúrate de tener comida y agua.

Si necesitas acceder a su caché, toma las mismas precauciones. Siempre usa una ruta de entrada o salida diferente (para evitar hacer senderos) y minimiza el acceso a ella. Cuanto más a menudo accedas a tu caché, menos seguro estará. Para mejorar la seguridad, también puedes crear señuelos o direcciones falsas enterrando una capa de basura sobre el caché.

Suministros para el coche

Puedes almacenar suministros adicionales en tu automóvil. Guárdalos en el maletero por motivos de seguridad, excepto los dos últimos artículos, que deberás tener a mano en caso de emergencia.

- Mantas
- Alimentos, agua, linternas y baterías adicionales.
- Gasolina.
- Suministros de recuperación y reparación.
- Entretenimiento (libros, tarjetas, laptops, etc.).
- Cargadores.
- Un pequeño extintor de incendios.
- Rompe cristales.

No coloques tus BOB personales en el maletero. Mantenlos a tu alcance en caso de que necesites dejar tu automóvil con prisa.

Documentación importante

Reúne toda la siguiente documentación. Guarda los originales en una caja fuerte a prueba de fuego (o en algún otro lugar seguro), y dile a tu familia su ubicación. Fotocopia todo y guarda las fotocopias en tu BOB. Asegúrate de que todo se mantenga actualizado.

- Tu testamento.
- Tus poderes notariales.
- Contactos de emergencia o importantes (números y direcciones).
- Tu pasaporte (u otra identificación si no tienes uno).
- Información del seguro.
- Comprobante de domicilio (factura de servicios públicos).
- Acceso a finanzas (no guardes una fotocopia de esto en tu BOB).
- Ficha y registro de información personal.

Una hoja de información personal es una hoja única que ayudará a los rescatistas a encontrarte o identificarte. Cada miembro de la familia debe escribir a mano su propia hoja de información y hacer una grabación de audio de la información. Esto es para que los rescatistas tengan muestras de escritura y voz.

Cada hoja o registro debe incluir lo siguiente:

- Nombre.
- Apodos.
- Lugar de nacimiento.
- Fecha de nacimiento.
- Dirección.
- Número de teléfono.
- Descripción física (incluidos identificadores específicos como tatuajes o marcas de nacimiento).

- Recetas médicas (anteojos, medicamentos).
- Instrucciones para las recetas médicas.
- Vehículo (color, tipo, número de placa).
- Dirección y contactos de la escuela o trabajo.
- Los datos de contacto de amigos o familiares más cercanos.
- Aficiones.
- Educación.

PUNTOS DE REUNIÓN

Un punto de reunión es cualquier lugar preestablecido para que tu grupo se reúna en caso de que algo salga mal. No es estrictamente un «artículo», pero es útil «conservarlo».

Hay algunos tipos diferentes de puntos de reunión, y es común tener diferentes puntos de reunión para diferentes situaciones. Si tienes varios puntos de reunión, planifica cuándo y cómo usar cada uno.

Considera guardar algunos suministros básicos, como comida, agua y linternas, en tus puntos de reunión permanentes.

Nunca compartas la ubicación de tus puntos de reunión con personas ajenas.

Puntos de reunión temporales

Asigna un punto de reunión temporal cada vez que estés en un lugar nuevo. Haz que sea un lugar fácil de encontrar, como un punto de referencia. La mayoría de la gente hace esto de todos modos, diciendo cosas como: «Si nos separamos, nos vemos en la entrada del centro comercial a las 3:30» o «Si te pierdes en el supermercado, ve a la caja n.° 6».

Punto de reunión principal

Este punto de reunión es donde pueden reunirse una vez que escapen de un incidente, como un incendio o un allanamiento de morada. Hazlo en un lugar relativamente cercano y seguro, como la casa de un vecino de confianza o una gasolinera local abierta las 24 horas. Decide cuándo ir al punto de reunión, así como:

- Cuánto tiempo esperar allí antes de ir a tu punto de reunión secundario.
- Cuándo omitirlo e ir directamente al punto de reunión secundario.

Punto de reunión secundario

Este es un punto de recuperación alternativo al que puedes acudir cuando el punto de recuperación principal no sea factible. Debería ser un lugar público, pero no un lugar al que obviamente irías, un pub que nunca frecuentas, por ejemplo. También debe ser fácil llegar desde lugares comunes como el hogar, el trabajo o la escuela.

Escondites

Los escondites no son realmente puntos de reunión, porque permanecerás en ellos durante un período prolongado.

En la mayoría de los casos, te encontrarás con tu familia en un punto de reunión y luego te dirigirás a tu escondite, pero también podrían reunirse en el escondite.

Es posible que desees almacenar alimentos, agua, un botiquín de primeros auxilios y otros suministros en tu escondite.

Ejemplos de buenos escondites incluyen:

- Los edificios abandonados que has concluido que son seguros.
- Una habitación de hotel (aunque no puedes almacenar suministros allí).
- Una propiedad «secreta» fuera de la ciudad o en un pueblo vecino.

Rutas

Debes planificar varias rutas de entrada y escape hacia y desde todo tipo de puntos de reunión, así como considerar los mejores momentos para ir y venir sin levantar sospechas. Estos dependerán de la situación.

PLANES DE EVASIÓN

Esta sección contiene una selección de planes a seguir en diversas situaciones, junto con información adicional. Usa los planes tal como están o ajústalos a tus necesidades.

PLAN GENERAL DE ESCAPE DE EMERGENCIA

Planifica el escape cada vez que ingreses a un nuevo espacio. Determina:

- Tres cosas que podrías usar como arma.
- Dónde están los puntos de salida y cuáles utilizarás. Designa una primera y una de respaldo.
- Puntos de reunión temporales (si estás en un grupo).

Capítulos Relacionados

- Puntos de Reunión

LLAMAR A SERVICIOS DE EMERGENCIA

Conoce los números de emergencia del país en el que te encuentras.

Asegúrate de que los niños puedan alcanzar el teléfono y saber cómo usarlo en caso de emergencia. Deja una lista de números de emergencia cerca.

Cuando llames a los servicios de emergencia, habla clara y lentamente, usando el siguiente formato:

- Necesito (insertar servicio de emergencia) en (ubicación).
- Mi número de teléfono es (opcional, pero recomendado para que puedan devolverte la llamada si es necesario).
- Describe el incidente y brinda cualquier información adicional pertinente, como una descripción de la víctima o victimario, detalles de las lesiones o el número de teléfono del familiar más cercano.

No cuelgues hasta que se te indique, en caso de que el personal de emergencia necesite darte instrucciones.

Cuando no puedas hablar, llama y deja el teléfono descolgado para que puedan escuchar. Toca SOS en el altavoz si puede. Incluso aunque esté en silencio total, pueden rastrear la llamada.

Otra opción es enviar la información a todos tus contactos por mensaje de texto masivo. Comienza tu texto con: «Esto no es broma. Envía a la policía».

Asegúrate de poner tu teléfono en silencio, en caso de que uno de tus contactos te devuelva la llamada.

Para ocultar el hecho de que estás llamando a la policía, finge que está hablando con otra persona, como tu madre o tu cónyuge.

Suena natural al responder las preguntas del despachador. Haz esto respondiendo la pregunta directamente y luego agregando contenido improvisado. Por ejemplo:

- **Despachador**: «¿Cuál es la emergencia?».
- **Tú**: «Hola, cariño. Solo confirmando que nos reunimos para cenar esta noche».
- **Despachador**: «¿Necesita asistencia policial?».
- **Tú**: «Sí, por favor, pronto. Ya tengo hambre. Estoy pasando por (nombre de la calle) en este momento, así que deberías poder encontrarte contigo en (nombre del lugar) en unos cinco minutos».
- **Despachador**: «De acuerdo señora, estamos rastreando su celular. Puede dejar de hablar, pero no cuelgue».
- **Tú**: «Ok genial; Gracias».

Si llamas a los servicios de emergencia por accidente, no cuelgues o podrían enviar a alguien. Infórmale al operador que fue un error.

DEFIÉNDETE

Cuando alguien intenta secuestrarte, tu mejor oportunidad de sobrevivir es luchar y causar la mayor conmoción posible. Una vez que te suben a su vehículo, tus posibilidades de escapar disminuyen drásticamente. Grita pidiendo ayuda y ataca a tu secuestrador en áreas vulnerables.

- Ojos (gubia).
- Ingle (agarrar y girar, patear, golpe de rodilla).
- Espinillas (patada).
- Dedos (giro).
- Garganta o cuello (codo, empuje).
- Piercings (sácalos)

Tan pronto como estés libre, corre hacia áreas «seguras» (aquellas con buena iluminación y multitudes). Derriba cosas creando obstáculos para él en el camino. Continúa gritando, pidiendo ayuda mientras corres y llamas a los servicios de emergencia. Activa las alarmas de los automóviles y las tiendas golpeándolas o rompiendo las ventanas.

Si no hay áreas seguras y encuentras un auto sin llave, súbete y enciérrate. Toca el claxon en un patrón SOS (… - - -…).

Esconderse debajo de un automóvil estacionado es un buen último recurso. Agárrate de algo en la parte inferior y patea si intenta atraparte.

Contraatacar es importante, pero también lo es saber cuándo parar. Cuando sabes que estás derrotado, tu mejor oportunidad de sobrevivir es cooperar. Esto evita más lesiones o restricciones para que puedas aprovechar la próxima oportunidad de escapar.

Para obtener más información sobre la autodefensa, visita *Manual de Defensa Personal*:

www.SFNonFictionbooks.com/Foreign-Language-Books

AGRESIÓN SEXUAL

Las posibilidades de que te maten durante una agresión sexual son más altas que en un secuestro para pedir rescate. Por esta razón, solo grita si es probable que te escuchen; de lo contrario, tu atacante puede silenciarte.

Considerar decirle que tienes una ETS (herpes, hepatitis B, SIDA) puede ser suficiente para disuadirlo. Sé específico sobre lo que tienes, para que tu historia sea más creíble.

Si eso no funciona, e incluso si no puedes luchar contra él, haz todo lo posible para obtener muestras de ADN (sangre, piel, cabello) para que sea más fácil de atrapar después del incidente.

Después de la agresión sexual, es importante preservar cualquier evidencia. No alteres la escena del crimen ni te laves hasta que un médico forense te lo indique.

Vete a un lugar seguro lo antes posible (en caso de que el atacante regrese) y luego llama a la policía (o llámalos en el camino si tienes un teléfono). Después de llamar a las autoridades, escribe una descripción de tu atacante. Marca la fecha y la hora.

Una vez que hayas sido «procesado» por las autoridades, busca asesoramiento. Hazte un examen de salud tres meses después del incidente para asegurarte de que no hayas adquirido una enfermedad tardía.

Prevención de delitos sexuales contra niños

Enséñales a los niños lo siguiente para minimizar las posibilidades de que sean agredidos sexualmente:

- Que está bien decirle que no a los adultos si les piden a los niños que hagan algo que tú les has enseñado que está mal.
- Que te diga si un adulto les pide que guarden un secreto.

- Que nadie tiene derecho a tocarlos en cualquier lugar que cubra un traje de baño.
- Que te diga si alguien expone sus partes íntimas.
- No holgazanear en los baños. (Acompáñalos siempre.)
- No acercarte, ayudar o aceptar cosas de adultos extraños.
- No ingresar a las casas de otras personas sin tu permiso.
- Cómo usar la frase de pánico.

Capítulos Relacionados

- Instalar Sistemas de Advertencia

ACOSADORES

En esta sección, los términos «acosador» y «cola» se refieren a alguien (o numerosas personas) que te siguen. Puede ser un acosador tradicional (alguien con una obsesión malsana) o la observación para un delito futuro. Las mejores formas de evitar un acosador son la concientización y la aleatorización:

- Mira a tu alrededor con frecuencia.
- Asegúrate de que nadie te siga cuando salgas de un edificio.
- Cambia tu horario cuando sea posible.
- Toma diferentes rutas a los lugares a los que vas con regularidad.

Reconocimiento

Si notas a las mismas personas o autos repetidamente durante un tiempo o distancia significativos, es una señal de un acosador, pero poder reconocer los avistamientos repetidos de personas o vehículos desconocidos requiere práctica.

Mejora tu capacidad para reconocer a las personas notando mentalmente las características distintivas: altura, constitución, rasgos faciales, cabello, cómo caminan, qué llevan, etc. Es útil observar sus zapatos. La ropa se cambia fácilmente, pero los zapatos no.

Haz lo mismo con los vehículos (marca, modelo, tamaño, color, número de placa, etc.). Presta especial atención a los vehículos estacionados ilegalmente, los vehículos estacionados con personas adentro y las personas que se ven fuera de lugar.

Confirmación

Cuando creas que tienes un acosador, date unas vueltas y mira a ver si te sigue. Como regla general, si sigue siguiéndote después de tres vueltas, es que tienes una «cola».

Ve mirando mientras caminas sin ser obvio para:

- Mirar los reflejos en espejos, ventanas y objetos brillantes.
- Volverte en sentido contrario (para tomar una escalera eléctrica, por ejemplo) para que puedas mirar en la dirección opuesta.
- Conducirlo hacia un embudo, como pasillo o autopista. Ve con cuidado de no quedar aislado al hacer esto, o te podría atacar.
- Ir a callejones sin salida (cul-de-sac, por ejemplo).
- Ralentizar tus pasos.

Si quieres ser más directo, vuélvete y míralo. Un acosador aficionado se pondrá nervioso y se delatará.

Acción

Una vez que confirmes que tienes un acosador, anota una descripción de la persona o personas y el vehículo involucrado. Después de eso, debes decidir qué acción tomarás. Tienes dos opciones: enfrentarlo o perderlo.

Lo que sea que elijas, debes hacerlo antes de ir a su vehículo (si es a pie) o llegar a casa. Quieres negarle cualquier información sobre ti, y especialmente información sobre el lugar donde vives.

Confrontar

Esta es una buena opción si estás en un lugar público donde es poco probable que te ataque y, a menudo, es suficiente para asustarlo. Hazle saber que sabes que te está siguiendo sin acusarlo directamente de nada. Pregúntale la hora o dile: «¿En qué te puedo ayudar?». Si persiste, sé más directo. Dile que deje de molestarte en voz alta y firme, para que otras personas puedan escuchar. No tengas miedo de presionar el botón de emergencia si estás en transporte público o para alertar a las autoridades.

Perder

Cuando la confrontación pueda ser peligrosa, o cuando no estés seguro de si el acoso es real, intenta perderlo.

Una de las maneras más fáciles de hacer esto es ir a un lugar seguro, como un café, una biblioteca o una estación de policía, y esperarlo. En tu camino hacia allí, camina por áreas densamente pobladas, ya que esto puede permitirte perderlo naturalmente. Un criminal oportunista probablemente no se molestará en esperar mientras comes o lees un libro en una cafetería. Haz que sea obvio que te estás acomodando por un tiempo.

También puedes combinar esto con la confrontación. Si te sientas en un restaurante y miras a tu acosador, él sabrá que lo ves. También puedes aprovechar esta oportunidad para llamar a un amigo y encontrarte con él.

Si todavía está esperando cuando te vayas, haz algunos giros rápidos para perderlo. Otra opción es ingresar a un edificio con múltiples salidas y luego salir por una salida diferente.

Si estás en un automóvil, conduce por un área con muchos semáforos o señales de parar.

Un cambio rápido de imagen te ayudará a perder un acosador dedicado. Crea uno tan pronto como tu acosador te pierda de vista momentáneamente, como cuando doblas una esquina o entras en una multitud.

Aquí algunas ideas:

- Cúbrete la cara con un sombrero y gafas de sol, una máscara antipolvo o una sudadera con capucha.
- Quítate o ponte un abrigo para mostrar diferentes colores o patrones.
- Ponte zapatos, bolso o complementos.
- Cambia tu postura.

Amenazas de alto nivel

La información de esta sección es para cuando se trata de un acosador a largo plazo, como un exnovio, o de un acoso continuo por parte de una persona o grupo.

- Mezcla tu rutina y tu comportamiento.
- Ejecuta una vigilancia de esta amenaza, ya sea individual o grupal. Descubre todo lo que puedas (sin convertirte en un acosador).
- Incrementa la seguridad y la conciencia.
- Rompe todo contacto con el acosador y pide a familiares y amigos que hagan lo mismo.
- No visites al acosador en persona ni aumentes la tensión de ninguna manera.
- Hazle saber a la gente lo que está pasando (amigos, familia, compañeros de trabajo, policía). Mantenlos al tanto de tus planes o itinerario.
- Reúne evidencias. Toma capturas de pantalla de su número de teléfono, realiza grabaciones de mensajes de voz y lleva registros escritos con fechas y horas.
- Considera una orden de restricción, aunque esto podría empeorar las cosas si la persona es inestable.
- Considera mudarte o desaparecer permanentemente.

Llamadas telefónicas maliciosas

El mejor curso de acción cuando se trata de llamadas telefónicas maliciosas es ignorarlas. Cuelga y bloquea el número. Si persisten, o si hay amenazas de violencia, comienza a mantener registros de las interacciones, llama a la policía y notifica a tu compañía telefónica. Nunca admitas a la persona que llama que estás solo.

Capítulos Relacionados

- Desaparecer Permanentemente

RUTINA DE SEGURIDAD DEL HOGAR

Esta rutina de seguridad en el hogar garantiza que tu casa esté lo más segura posible de intrusos, incendios y otros desastres potenciales. Hazlo antes de acostarte o salir de casa vacía.

- Cierra y bloquea todas las puertas y ventanas (incluido el garaje).
- Cierra todas las persianas.
- Apaga las luces interiores.
- Enciende las luces exteriores.
- Desenchufa las barras de energía.
- Asegúrate de que todos los aparatos de gas estén apagados.
- Enciende la alarma de la casa.

Si todos implementan la rutina de seguridad, es fácil saber si hay alguien en tu casa cuando llegas. Si una ventana está abierta o hay un automóvil extraño en el camino de entrada, esta es una señal de una posible intrusión.

Si se supone que no hay nadie allí, no entres en tu casa. Comunícate con todos los miembros de tu familia para ver si alguien está en casa inesperadamente; si no hay nadie, llama a la policía y espera en casa de un vecino de confianza a que lleguen.

CUANDO TOCAN A LA PUERTA

Nunca debes confiar en un visitante sin antes examinarlo. Incluso un amigo de confianza puede ser un cebo renuente. Usa los siguientes consejos para abrir la puerta de forma segura.

Mire al visitante sin abrir la puerta. Usa una mirilla, una pantalla de seguridad o una ventana. Si es un extraño, habla con él a través de la puerta o ventana cerrada. Quieres hacerle saber que estás en casa, pero nunca menciones que estás solo.

Cuidado con los imitadores. Verifica lo siguiente:

- ID de la compañía.
- Uniforme con logo de empresa.
- Vehículo de una empresa.
- Seguimiento del paquete.

En caso de duda, llama a la empresa para confirmar.

Nunca abras la puerta por la noche a menos que hayas identificado positivamente a los visitantes esperados.

Al abrir una puerta para un visitante extraño, pon todo tu peso detrás en caso de que de repente intente irrumpir.

No permitas que personas no aprobadas entren en tu casa. En circunstancias normales, esta regla se aplica incluso a la policía, a menos que tengan una orden de registro.

Para minimizar la necesidad de abrir la puerta, solicita que todas las entregas no requieran firma. Da instrucciones sobre dónde puede dejar un paquete un repartidor, u opta por recogerlo tú mismo en la tienda o en la oficina de correos.

INVASIÓN DEL HOGAR

Cuando se activa uno (o más) de tus sistemas de alerta, tú y todos los demás miembros de tu hogar deben tomar medidas inmediatas:

- Coge tu BOB (si es posible).
- Dirígete a la habitación segura.

Las personas designadas pueden tener roles adicionales. Por ejemplo, pueden ser responsables de:

- Llamar a la policía.
- Conseguir un arma.
- Ayudar a otros (niños pequeños, ancianos, discapacitados) a llegar a la habitación segura.
- Despejar la casa.

Si no tienes una habitación segura, sal corriendo por la puerta opuesta a la que entró el intruso. Ve a un lugar seguro y llama a la policía.

Nunca grites «¿Quién está ahí?». Le permite al intruso saber que estás solo.

Si te despiertas con un intruso en tu habitación, finge permanecer dormido para evitar una confrontación violenta.

Despejar tu casa

Para despejar tu casa, necesitas una linterna y un arma. No intentes hacerlo sin estas cosas.

Adopta una posición defensiva. Aquí es donde vas para ponerte entre los intrusos potenciales y tu familia y asegurarte de bloquearles el paso. La parte superior de la escalera es buen lugar.

Grita una advertencia, como: «Han llamado a la policía y tengo una pistola».

Una vez que creas que los intrusos se han ido, puedes despejar la casa. Ve lento, silencioso y con mucho cuidado.

Deja las luces apagadas. La oscuridad te da una ventaja, ya que conoces la distribución de tu hogar. Usa tu linterna si es necesario.

Despeja las habitaciones una por una. Revisa detrás de todos los muebles y otros escondites. Revisa tus espaldas con frecuencia.

Despeja las esquinas «cortando el pastel». Esto significa despejar lo que puedas ver, luego un poco más, luego un poco más, etc. Te mueves gradualmente alrededor del «exterior del pastel», despejando cada rebanada a medida que avanza.

Con cada paso lateral, escanea desde el piso hacia arriba.

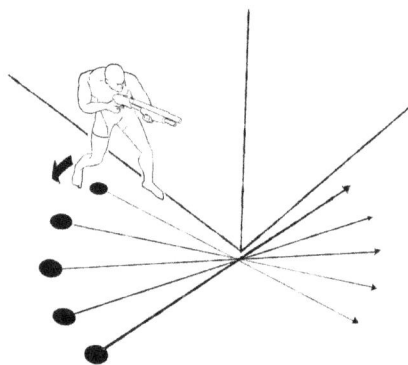

Para despejar una entrada, corta el pastel tanto como sea posible antes de entrar.

Atraviesa la puerta rápidamente para evitar el «embudo fatal» donde es más probable que te disparen. Una vez que lo hayas atravesado, sal a cada lado de espaldas a la pared para poder despejar las esquinas de la habitación.

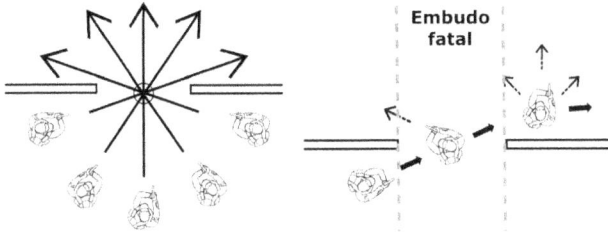

Para despejar un pasillo T, despeja un lado a la vez cortando el pastel.

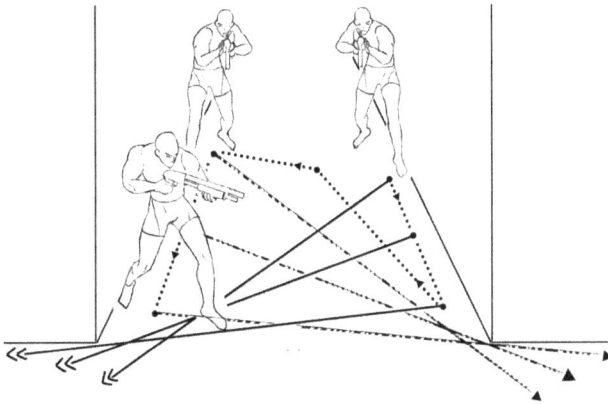

Si encuentras un intruso, solo intenta sujetarlo si tienes a otros que te apoyen.

Incursión de estilo militar

Cuando el gobierno o delincuentes bien organizados asaltan tu casa, a menos que puedas escapar rápidamente, tu mejor oportunidad de sobrevivir es cumplir. Quédate quieto, con las manos en alto y sigue las instrucciones. No ofrezcas voluntariamente ninguna información.

Capítulos Relacionados

- Restringir a un Guardia

CORREO SOSPECHOSO

Es poco probable que se produzca una bomba de correo aleatoria o una amenaza biológica. Considera si tu estilo de vida o tu carrera te convierten en un objetivo.

Incluso si no eres un objetivo de alto valor, no está de más ser cauteloso. Busca los siguientes signos de correo sospechoso:

- Sin dirección de retorno.
- Tamaño, forma, peso o textura inusuales (pegajoso, polvoriento, etc.).
- Un número excesivo de sellos postales.
- Olor.
- Alambres o cuerdas.
- Errores de escritura u ortografía desordenados.
- Tiene fugas.

Si identificas correo sospechoso, realiza la siguiente acción:

- No agites el paquete.
- Cúbrelo, pero no toques ningún derrame.
- Ponlo en una bolsa de plástico para evitar derrames.
- Sal y asegura la habitación.
- Lávate las manos con jabón y agua.
- Comunícate con las autoridades.
- Haz una lista de todos los que estaban en la habitación y entrega la lista a las autoridades (salud y leyes).

ASCENSORES

Estar solo en un ascensor te pone en un lugar vulnerable debido al aislamiento. Párate cerca de la puerta y los botones. Cuando se suba a alguien de quien tienes un mal presentimiento, sal rápidamente. Si te atacan, no presiones el botón de parada de emergencia. En su lugar, presiona todos los botones de todos los pisos. Grita pidiendo ayuda y trata de escapar tan pronto como se abra la puerta.

ROBO DE VEHÍCULO

Aquí te mostramos cómo darte la mejor oportunidad de mantenerte a salvo durante un robo de auto. Muchos de estos consejos también evitarán el robo general de vehículos.

En tu coche

Por lo general, estás seguro mientras te mueves. Es cuando te detienes o disminuyes la velocidad es cuando necesitas aumentar tus niveles de conciencia.

Ten siempre una ruta de escape. Para asegurarte de tener suficiente espacio para conducir, deja suficiente espacio para que puedas ver las llantas del vehículo que está frente a ti. No dudes en alejarte si es necesario, incluso si tienes que salir de la calle.

Mantén las ventanas abiertas, las puertas cerradas y el automóvil en un cambio para arrancar. Si alguien se acerca a tu automóvil, habla a través de la ventana. Si tienes que abrir el vidrio, como cuando te lo pide un policía, ábrelo solo un poquito.

Cuando esperes en un vehículo parado (en el tráfico, por ejemplo) revisa tus espejos con frecuencia para ver si alguien se acerca. Si eres mujer, mantén un sombrero de hombre en el auto y úsalo si necesitas esperar solo por la noche (a que alguien te solucione un problema mecánico, por ejemplo).

Estacionamiento

El robo de auto ocurre a menudo cuando regresas a un auto estacionado. Para evitar esto, estaciona en reversa en áreas bien iluminadas lejos de posibles escondites y cerca de la salida del edificio o de los ascensores del estacionamiento.

Los dispositivos antirrobo (alarma, inmovilizador, bloqueo de la dirección, rastreador) son buenos elementos disuasorios adicionales.

Nunca te estaciones en un lugar donde tu vehículo pueda ser atado o remolcado. Si es así, no esperes afuera. Si no hay otra opción, enciérrate en tu auto.

Nunca salgas de tu vehículo sin tus llaves.

Cuando te acerques a tu vehículo estacionado, mantén tus llaves en la mano, con las llaves apuntando a través de sus dedos. Esta es una buena arma improvisada, y sostener así las llaves hace que entrar en tu coche sea más rápido.

Si tu automóvil tiene un sistema de desbloqueo por botón, no lo uses hasta que estés listo para entrar.

Si hay alguien sospechoso cerca de tu automóvil, regresa y camina hacia un lugar seguro. Pide un escolta (por ejemplo, seguridad, recadero) o active su alarma remota desde la distancia para alentar a la persona a alejarse.

Entra y asegura tu auto rápidamente. Una vez en un auto cerrado, puedes organizarte tú mismo o tus hijos, pero no te demores.

Si tu automóvil ha sido asaltado, revisa debajo y dentro de él antes de ingresar, en caso de que alguien se esconda allí.

Si te atacan

Como regla general, y especialmente cuando se trata de un ladrón armado, es mejor entregar tu automóvil, pero no a ti ni a otros pasajeros.

Si tienes niños en el automóvil, diles (no preguntes) a los asaltantes que los vas a sacar, y hazlo antes de salir del vehículo.

Cuando alguien te pida las llaves mientras estás fuera de tu coche, tíralas en la dirección opuesta a tu ruta de escape y corre cuando él vaya por ellas.

Si no busca las llaves, sabrás que tú, y no tu automóvil, es su verdadero objetivo. Si tienes un arma, mantén el auto entre tú y él. Una alternativamente es correr hacia el obstáculo o barrera más cercana (un pilar de concreto, por ejemplo). Corre de obstáculo a obstáculo hasta llegar a un lugar seguro.

Si te obligan a subir a un coche, considéralo un secuestro.

Cuando te ves obligado a conducir, puedes:

- Pasar las luces rojas y tocar la bocina para llamar la atención.
- Conducir hasta una estación de policía.
- Sufre un accidente menor.

Cuando estés dentro del automóvil y alguien esté tratando de entrar (y no puedas conducir), toca la bocina en el patrón SOS (... - - -...) y pide ayuda.

Si alguien mete un arma a través de tu ventana, atrápala en el tablero y arranca.

Capítulos Relacionados

- Escapar de un Automóvil

ACCIDENTES AUTOMOVILÍSTICOS

Este consejo asume que estás involucrado en un accidente automovilístico legítimo y no en una estafa de colisión.

Cuando te encuentres en un área aislada, es mejor seguir conduciendo hasta llegar a un lugar seguro, asumiendo que tu automóvil aún es seguro para conducir. Si ya te encuentras en un área poblada, acerca el vehículo a la escena del accidente, pero no a un lugar donde obstruya el tráfico. Asegura el área verificando que no haya peligros, aplicando primeros auxilios y advirtiendo del accidente al tráfico que se aproxima.

Llama a los servicios de emergencia y luego toma fotos y toma notas. Registra la fecha, hora, clima, naturaleza del accidente, etc. Escribe la fecha y hora en tus notas una vez que termines de escribir y firmalas.

Intercambia información con el otro conductor. Obtén su nombre, dirección, número de teléfono, número de licencia de conducir, el nombre de su compañía de seguros y el número de su póliza de seguro. Registra los nombres, direcciones y números de teléfono de los pasajeros o testigos. Si el vehículo no pertenece al conductor, obtén también los datos del propietario.

Nunca admitas la responsabilidad de un accidente. No firmes ningún documento, no aceptes pagar los daños ni le restes importancia a las lesiones. Consigue un abogado si es necesario.

Cuando llegue el momento de remolcar tu vehículo, acuerda un precio y un lugar de remolque antes de que se realice. Informa a tu compañía de seguros sobre el incidente y haz un seguimiento con un informe escrito que incluya copias de tus notas, fotografías y el informe policial.

Consulta a un médico tan pronto como sea posible después del accidente (dentro de las 48 horas), incluso si crees que no tienes lesiones.

No resuelvas ningún reclamo de seguro hasta que sepas el alcance total de las lesiones y daños al vehículo.

Capítulos Relacionados

- Estafas comunes y robos pequeños

BOMBAS DE VEHICULO

Es poco probable que entres en contacto con un vehículo bomba en tu automóvil personal, a menos que seas un objetivo específico.

Si crees que eres un objetivo, tu mejor defensa es revisar tu automóvil cada vez que te subas a él. Esta es también la mejor manera de evitar la vigilancia de vehículos a través de dispositivos de rastreo, etc.

Mantener tu vehículo sucio facilitará la detección de cualquier manipulación. Una forma adicional (o alternativa) de detectarlo es colocando cinta adhesiva transparente en el maletero, el capó, el tanque de gasolina, etc.

Para evaluar un vehículo en busca de una posible bomba, empieza por examinar su exterior. Busca cualquier cosa inusual, como cables o puertas abiertas. Busca a tu alrededor, incluso en los guardalodos, parachoques, debajo, etc. Presta especial atención a la zona debajo del asiento del conductor.

Después de acceder al exterior, mira hacia adentro a través de las ventanas. Busca cualquier artículo sospechoso que no estuviera allí antes.

Finalmente, ingresa a tu automóvil y verifica dentro de la guantera, debajo de los asientos, en el maletero y cualquier otro lugar que no puedas ver desde el exterior.

Para estar más seguro, obtén un medidor de campo electromagnético en tu tienda de electrónica local. Este dispositivo detectará transmisiones de radio.

Capítulos Relacionados

- Rastreo

SALIR

Ya sea que estés en casa o fuera, hay algunos pasos fundamentales que puedes seguir para mantenerte a salvo. Memoriza la siguiente información donde quiera que vayas:

- Al menos dos números de contacto de emergencia (padre, cónyuge, hermano).
- La dirección de tu casa u hotel.
- El número de servicios de emergencia (por ejemplo, 911).

Inspecciona el área general alrededor de tu casa o cualquier lugar nuevo en el que te quedes por una noche o más. Tomar nota de:

- Salidas de la zona.
- Cuellos de botella en el tráfico.
- Una estación de policía.
- Hospitales.
- Farmacias.
- Fuentes de agua.
- Embajada de tu país.
- Puntos de reunión.

Regresa al área con frecuencia para estar al tanto de cualquier cambio, como obras viales. Cuando salgas, usa ropa práctica y lleva solo lo que necesites. Esto te hará menos objetivo y te dará más movilidad para correr o luchar. Comparte tus movimientos previstos con alguien responsable. Dile cuándo y cómo te registrarás y qué acción debe tomar si no lo haces. Por ejemplo, establece que enviarás un mensaje de texto cada hora, y si no lo haces durante tres horas o más, debe informar a tu hermano.

Capítulos Relacionados

- Puntos de Reunión

BÚSQUEDA Y RESCATE

Saber sobre búsqueda y rescate te permite prever cómo los servicios de emergencia pueden intentar encontrarlo.

Cuando alguien desaparece, haz un plan y empieza a buscar lo antes posible. Cuanto más tiempo se pierda la víctima, más difícil será encontrarla, pero buscar sin organización suele ser peor que no hacer nada.

Para facilitar la búsqueda y el rescate, establece los límites de los lugares a los que pueden ir las personas. Esto incluye crear y ceñirse a itinerarios y rutas planificadas. Hacer esto te brinda un área definida para usar en tu búsqueda principal.

Kit de identidad

Un kit de identidad es una sola hoja de papel con información relacionada a la persona desaparecida. Puedes darla a las autoridades o a los miembros del equipo de rescate. Haz uno para cada uno de los miembros de tu familia, e incluye los siguientes:

- Una foto a color actualizada.
- Huellas dactilares.
- Estadísticas (nombre, edad, fecha de nacimiento, descripción física).
- Condiciones médicas.
- Un mechón de pelo en una bolsa sellada.

Planificación de una búsqueda

Establece un líder de búsqueda y un puesto de mando. Instala el puesto de mando cerca o en el lugar al que la persona pueda regresar (un campamento, su casa). El líder permanecerá en el puesto de mando junto con los suministros de primeros auxilios y un cuidador de primeros auxilios, que también puede ser el líder de búsqueda.

Mientras se instala el puesto de mando, establece un área de búsqueda principal y equipos de búsqueda de dos o tres personas (si los recursos lo permiten). Divide el área de búsqueda en secciones y asigna a cada equipo una sección. Asegúrate de que cada equipo tenga ayudas para la navegación y dispositivos de comunicación. Cada equipo buscará en su sección y luego informará al puesto de mando para que el líder pueda asignarles una nueva sección, volver a llamarlos o dar otras instrucciones.

Busca primero los lugares más probables:

- Última posición conocida.
- Rutas más probables.
- Límites.

Expande el área de búsqueda según sea necesario.

Cuando hagas el plan de búsqueda, considera:

- Las fortalezas, debilidades, comportamiento, rutinas, salud, edad, etc. de la persona desaparecida.
- El clima.
- Equipo disponible (comunicaciones, botiquín de primeros auxilios, comida, agua, herramientas de navegación, bengalas, refugio, etc.).
- Las fortalezas y debilidades de los miembros del equipo de búsqueda. Crea parejas que complementen las fortalezas de cada uno. Asegúrate de que haya al menos un proveedor de primeros auxilios por equipo.

Búsqueda

Al realizar la búsqueda en equipos individuales, utiliza la luz y el sonido para atraer la atención de la persona perdida. Llama su nombre y utiliza silbatos o destellos de luz.

En la naturaleza, usa a una persona para guiar un equipo de personas a lo largo de una característica prominente (arroyo, sendero, etc.) mientras los demás buscan más profundamente. Siempre manténganse a la vista o escuchándose unos a otros.

Busca en los escondites (especialmente cuando busques niños o víctimas de secuestro) y ten en cuenta que la persona desaparecida puede estar inconsciente.

Rescate

Cuando encuentres a la persona desaparecida, informa al puesto de mando y aplica primeros auxilios.

Proporciónale a la víctima comida y agua según sea necesario, y luego haz lo que te indique el líder de la búsqueda.

Considera la posibilidad de instalar un refugio si hace mal tiempo o si necesitas esperar ayuda.

Capítulos Relacionados

- Rastreo

RASTREO

Saber cómo realizar un seguimiento es una habilidad útil para:

- Encontrar una persona desaparecida.
- Saber dónde se encuentra tu enemigo para evitarlo.
- Rastrear un ladrón o recuperar tus bienes.
- Te lleva a encontrar seguridad entre las personas después de escapar de la captura.
- Rastreo de animales para buscar comida en una situación de supervivencia.

El rastreo eficaz implica observar señales de presencia y luego organizar correctamente esas señales en una historia de hacia dónde se dirigió tu objetivo.

Convertirse en un rastreador experto requiere práctica. Necesitas conocimiento del medio ambiente o de la persona o animal que estás rastreando.

A continuación, se describen algunas habilidades de seguimiento (muy) básicas.

Señales de presencia

Una señal de presencia es cualquier alteración del entorno natural. Busca señales específicas relacionadas con quién (o qué) estás rastreando, como huellas que tengan una forma o tamaño particular o que tengan un patrón determinado.

Ejemplos lo que debes buscar incluyen:

- La ausencia de animales.
- Cualquier signo de seres humanos, como tela, basura, fuego, construcción de refugios, etc.
- Fluidos corporales (sangre, orina, caca, mocos, etc.).
- Telarañas rotas.

- Follaje dañado.
- Alimentos desechados.
- Huellas.
- Rocas o guijarros volcados.
- Marcas de rozaduras de alguien o algo apoyado en árboles o trepando cosas.
- Señales de que se ha ingerido comida, como fruta recogida.
- La transferencia de suelo de un lugar a otro.
- Suelo levantado.
- Vegetación empujada hacia una posición antinatural.

Trampas para rastreo

Las trampas de rastreo son lugares donde los signos de presencia, como la transferencia de agua a la roca, son más fáciles de detectar. Los ejemplos de trampas de rastreo incluyen barro, nieve, arena, tierra blanda y fluidos.

Primero busca señales de presencia en las trampas de huellas. Si no puedes encontrar ninguna, ve a un terreno más duro.

Método de rastreo básico

Encuentra una pista inicial y documéntala. Dibuja un boceto y observa la longitud, el ancho, los patrones de la banda de rodadura, etc.

Encuentra la siguiente pista, que probablemente estará a un paso de distancia. Asegúrate de que sea igual a la primera pista consultando sus notas.

Otros rastreadores pueden buscar pistas coincidentes mientras el rastreador original continúa rastreando paso a paso, como se describe anteriormente. Cuando encuentran una, el rastreador original puede marcar su última pista encontrada y moverse hacia arriba para confirmar la nueva pista. Si coinciden, puedes seguir rastreando desde el nuevo punto mientras los rastreadores adicionales miran hacia adelante nuevamente.

Pista perdida

Si pierdes una pista, vuelve a la última señal positiva y márcala con algo, como una cinta brillante.

Escanea el primer plano a tu alrededor en busca de la siguiente pista.

Si no puedes encontrarla en tu escaneo inicial, camina en la dirección más probable para ver si puedes retomarla.

Si no la encuentras en menos de 100 m (330 pies), vuelve a la última señal positiva (que marcaste) e intenta un barrido de 360 grados. Haz círculos cada vez más grandes hacia afuera hasta que encuentres la siguiente pista.

Determinar la dirección

A continuación, algunas maneras de determinar hacia dónde se dirige tu objetivo:

- Los animales huyen del peligro cercano (por ejemplo, los seres humanos).
- El follaje se dobla en la dirección de la trayectoria.
- El líquido salpica en la dirección de la trayectoria (p. Ej., la sangre).
- La tierra se dispersa en la dirección de la trayectoria.

Estas señales son más confiables que las huellas obvias si una persona tiene motivos para engañarte caminando hacia atrás.

Determinación del tamaño del grupo

Cuando rastreas un número desconocido de personas, utiliza el siguiente método para determinar el tamaño del grupo. Requiere que rastrees las huellas.

- Dibuja una línea detrás de una huella.

- Traza una segunda línea a 1,5 m (5 pies) delante de la primera línea. Hazla de 1 m (3 pies) si estás buscando niños.
- Cuenta todas las huellas completas y parciales que encuentres entre las dos líneas. Redondea si tienes un número impar.
- Reduce este número a la mitad.

Esto te dará una estimación aproximada de cuántas personas hay en el grupo.

Sugerencias de rastreo adicionales

- Las huellas que están muy separadas una de otra y más profundas en la punta o en el talón indican que la persona estaba corriendo. Las que están más juntas indican que estaba caminando.
- Las huellas cercanas entre sí y profundas indican que una persona está cargando algo.
- Si un pie deja una impresión más profunda que el otro, puede estar lesionado.
- Mientras más fresca sea la pista, más cerca estará tu objetivo. Los bordes superiores se pueden secar en minutos, pero la erosión real demora al menos 12 horas.
- Cuando busques señales más adelante, mira a 15 m (50 pies) frente a ti.
- Las posiciones más altas pueden revelar otras señales de presencia. Sube a un árbol para buscarlas.
- Usa también tus otros sentidos (olfato y oído).
- Nunca camines sobre las pistas. Te confundirás si necesitas volver a verlas.
- Presta más atención cerca de las fuentes de agua.
- Mientras recopilas pruebas, compila una historia sobre la condición de tu objetivo y hacia dónde se dirige.
- Debes estar atento a señales falsas, trampas y emboscadas.
- Cualquier señal de que tu objetivo oculta sus huellas

pueden ser una indicación de un lugar de descanso, cambio de dirección o emboscada.

- Los ángulos de luz bajos facilitan la localización de las huellas. Esto significa que los mejores momentos para realizar un rastreo son temprano en la mañana y al final de la tarde. Ponte entre la pista y el sol y agáchate para ver las sombras.
- Asegúrate de no perderte.

Capítulos Relacionados

- Estar Atento
- Búsqueda y Rescate

ESCAPAR DE LA CAPTURA

PRELIMINARES

Si ya te secuestraron, tu mejor oportunidad de sobrevivir es si escapas o eres rescatado en menos de las primeras 24 horas.

Cuando tu esfuerzo inicial de luchar contra tus secuestradores haya fracasado, actúa sumiso. Mira hacia abajo y haz lo que te digan (dentro de lo razonable) para que no te restrinjan más de lo que ya estás. Llévalos a la complacencia y luego escapa tan pronto como se presente la oportunidad adecuada.

Nota: Si esperas que te torturen y asesinen inmediatamente después de tu captura, te puede convenir luchar hasta la muerte.

Cuanto antes escapes, mejor, porque:

- Cuanto más tiempo permanezcas en cautiverio, más minuciosamente te registrarán.
- Cuanto más tiempo permanezcas prisionero, mayor será la probabilidad de que te envíen a un área más segura.

Sin embargo, debes elegir sabiamente tu oportunidad de escape. Si te atrapan, te castigarán y la seguridad aumentará.

GANAR TIEMPO

Hay varias tácticas que puedes utilizar para ganar tiempo hasta que llegue la ayuda o para crear oportunidades de escape.

Cuando te encuentres en un punto muerto y sepas que tu captura es inevitable, intenta negociar su rendición. Incluso si no esperas que te llegue ayuda, puedes intentar imponerte mejores condiciones de encarcelamiento.

Otra opción es fingir una lesión y pedir tratamiento médico. Fingir tener una convulsión o actuar como si estuvieras demente a menudo es suficiente para hacer que cualquier tipo de delincuente te deje en paz si eres el objetivo y te escogieron al azar.

Una última táctica de ganar tiempo es utilizar el truco de «acceso restringido». Esto es bueno para los criminales que buscan ganancias materiales. Diles que tienes una caja de seguridad con objetos de valor a los que solo tú puedes acceder. Cuando te lleven allí, aprovecha la oportunidad para escapar.

Capítulos Relacionados

- Regateo

OBTENER INFORMACIÓN

Tan pronto seas capturado, empieza a usar todos tus sentidos para averiguar todo lo que puedas sobre tus captores y hacia dónde se dirigen. Toma nota de su idioma, la cantidad de personas, el estilo de vestimenta, sus nombres, organización, motivación, equipamiento, personalidades, etc.

Cuando estés en un vehículo, intenta determinar tu velocidad de desplazamiento, los ruidos circundantes, el tiempo en el vehículo, los giros, la dirección, etc.

Una vez en cautiverio, busca salidas, seguridad (y la falta de ella), ubicación, clima, entorno circundante, recursos útiles, otros cautivos, las rutinas de tus captores, etc.

DEJAR PISTAS

Una vez en cautiverio, tu mejor oportunidad de escapar es ser rescatado. Haz que sea más fácil para los rescatistas rastrearte dejando pistas de tu presencia en cada vehículo y habitación en la que estás retenido. Por ejemplo, puedes:

- Construye o dibuja flechas.
- Deja el ADN.
- Deja notas.
- Deja prendas de vestir.
- Construye pilas de piedras.

Dejar o recolectar ADN para los investigadores los ayudará a encontrarte, y también es útil para condenar a tus captores más adelante.

Cualquier líquido corporal deja rastros de ADN (sangre, vómito, orina, saliva, etc.), al igual que el cabello. Cuando dejes su propio ADN, colócalo en lugares que tu captor (con suerte) no limpiará, como debajo / dentro / detrás de los muebles, en las bisagras de las puertas, en las salidas de aire, en las paredes y en las esquinas. Cuéntale a tu familia sobre estas tácticas para que puedan aconsejar a la policía que busque tu ADN en lugares inusuales.

Al recolectar el ADN de tu captor, debes «almacenarlo» en ti mismo para que no se lave. Si lo rasguñas lo suficientemente fuerte como para sacarle sangre, se acumulará debajo de tus uñas y es probable que no salga de ahí a menos que te lo frotes.

Otra cosa que puedes hacer es tomar una muestra de su sudor (u otros fluidos corporales) debajo de tu vello corporal. Cuando te duches, evita lavar esas zonas, a menos que te hayan capturado durante mucho tiempo, en cuyo caso necesitas mantener la higiene por tu salud.

SOPORTAR LA CAUTIVIDAD

Cuando no sea posible un escape temprano, debes concentrarte en sobrevivir al cautiverio hasta que puedas escapar o ser rescatado.

Gran parte de la información de esta sección también se aplica a sobrevivir a una situación de rehenes o un centro de detención del gobierno, como un campo de prisioneros de guerra o una prisión.

Aceptación

Acepta el hecho de que eres un prisionero. Deja atrás la autocompasión y la ira para que puedas concentrarte en sobrevivir y escapar.

Sé el hombre gris

Cuando te acaban de capturar, y especialmente cuando estés en un grupo, no hagas nada para atraer más su atención. Mantén la calma, la tranquilidad, la ausencia de emociones y la obediencia. Mantente quieto, con la mirada hacia el suelo.

La voluntad de vivir

Una gran parte de la supervivencia es mantener la voluntad de vivir y la firme convicción de que sobrevivirás. Recuerda tus razones para vivir (por ejemplo, tus seres queridos) y ten fe en ti mismo, en tus habilidades y en tu dios, si tienes uno. Pase lo que pase, no renuncies a tu voluntad de vivir y debes estar siempre preparado para aprovechar el momento en el que puedas escapar, incluso si esto toma años.

Aunque escapar se vuelve más difícil cuanto más esperas, cuanto más tiempo estés cautivo, más probabilidades hay de que finalmente salgas con vida. Si la intención de tus captores es matarte, lo harán más temprano que tarde.

Mantente saludable y mentalmente activo

Crear buenos hábitos mentales y físicos te ayuda a mantener la voluntad de vivir. También te mantiene en forma mental y física para que aproveches las oportunidades para escapar.

Una forma productiva de ejercitar la mente es planificar tu escape. Usa todos tus sentidos para recopilar información y sondear a tus captores para descubrir a quién puedes aprovechar. Aparte de la planificación constante, usa cualquier entretenimiento que puedas conseguir, como, por ejemplo, la lectura.

Establece una rutina física y hazla con regularidad. Haz lo que puedas con lo que tienes. Lagartijas, abdominales y estiramientos son excelentes ejercicios que no requieren mucho espacio.

Come todo lo que te den, siempre que no sea venenoso. Rechazar la comida como protesta no es una buena estrategia para la supervivencia a largo plazo, y ser un prisionero amable puede hacer que obtengas favores adicionales.

Humanízate

Cuanto más humano seas, más difícil será lastimarte. Nombrarte a ti mismo es un buen comienzo. Es más difícil matar o golpear a algo con un nombre. Sin importar lo que hagan sus captores, mantén la calma y sé educado. Un prisionero demasiado emocional o difícil es más fácil de tratar mal, así que mantén tu dignidad. No ruegues, llores, no te ensucies, etc.

Hazte amigo de tus captores

El contacto social tiene un beneficio psicológico y fomenta su humanización.

Desarrollar vínculos también puede ayudarte a escapar. Es más fácil extraer información de alguien con quien se tiene relación. Apunta a aquellos que parezcan más comprensivos contigo.

También es más probable que obtengas comodidades adicionales si eres amigable. Comienza pidiendo cosas pequeñas, como una bebida o una manta, luego hazte más ambicioso, solicitando comida o entretenimiento extra. No lo presiones, o puede cortarse tu relación completamente.

Hacer amistad con tus captores es útil, pero es importante recordar que siguen siendo el enemigo. No dudes en herir a cualquiera de ellos durante un intento de fuga.

Trabajar con otros presos

Hacerte amigo de otros presos tiene varias ventajas. Es psicológicamente beneficioso, pueden trabajar juntos para escapar, negociar en nombre del otro (si uno de ustedes está siendo castigado) y pedir ayuda si uno de ustedes escapa.

Sin embargo, debes escoger sabiamente a tus amigos. No todos actuarán por el bien del grupo, especialmente los delincuentes menores.

En una situación de grupo, donde hay múltiples rehenes, o en un campo de prisioneros de guerra o en una prisión, es mejor mantener una mentalidad de «nosotros contra ellos». Tomar partido por los guardias puede hacer que otros prisioneros te maten. No hagas nada (incluida la aceptación de un trato favorable) que pueda dañar a otros presos. Esto incluye divulgar información.

Cuando se trata de control de grupo, toma el mando u obedece y respalda a los que están a cargo (no al enemigo).

Cuando estás en prisión con criminales, esto se convierte en un juego de ingenio contra guardias y otros prisioneros. Escoge sabiamente a tus amigos y no caigas en la mezquindad y la manipulación.

Interrogatorio

Cuando estés sujeto a un interrogatorio, proporciona la menor cantidad de información útil posible mientras te mantienes tranquilo y educado. Haz esto hablando solamente cuando se te indique y dando respuestas breves.

Evita el contacto visual con tu interrogador. Si te ves obligado a mirar, mira su frente.

Ten cuidado con las ofertas que te hagan.

A menos que sepas que serás torturado o asesinado si te niegas, evita:

- Confesar de cualquier forma.
- Hacer cualquier emisión de propaganda.
- Hablar en contra de tu causa (verbalmente o por escrito) si eres un preso político.

Cuando estés en manos de un gobierno o de una organización política profesional, trata todas las conversaciones con tus captores como interrogatorios, incluso cuando parezcan casuales.

Ponte en contacto con el mundo exterior

Haz todo lo que puedas para tener contacto con el mundo exterior. Apela a familiares, amigos, abogados y otros simpatizantes, para que puedan comenzar a hacer planes para liberarte. Haz que te pregunten constantemente sobre tu salud y bienestar. Permite que tus captores tomen una foto de tu rostro para que las autoridades puedan identificarte.

Capítulos Relacionados

- Planificar Tu Escape
- Escuchar Atentamente

PLANIFICAR TU ESCAPE

Empieza a planificar tu escape desde el principio y nunca te detengas, sin importar cuánto tiempo estés cautivo.

Aparte de todo lo explicado en el capítulo de planificación y preparación, hay dos cosas principales a considerar para tu escape: cuándo irte y qué ruta tomarás.

Planificar la ruta «perfecta» y el tiempo para escapar es bueno, pero no dudes en aprovechar las oportunidades que surjan.

Si fallas en un intento de fuga, espera ser golpeado. Finge una lesión o agotamiento para que parezcas menos amenazante.

Cuándo escapar

Cuando te secuestran para obtener un rescate, es probable que te liberen tan pronto como se cumplan las demandas de tus captores. Una huida arriesgada posiblemente no valdrá la pena, especialmente si estás retenido en un lugar remoto, donde tendrás que sobrevivir a los elementos para llegar a un lugar seguro.

Si eres cautivo de un depredador sexual, escapa lo antes posible. De lo contrario, probablemente te matarán una vez que hayas cumplido tu propósito, o vivirás una vida de miseria.

Cuando tus captores de repente hagan cualquiera de las siguientes cosas, tu tiempo puede ser limitado:

- Dejan de alimentarte.
- Tratarte con más dureza.
- Se vuelven desesperados o asustados.

En este caso, intenta escapar incluso si tus posibilidades no son buenas.

Cada vez que te sacan de tu celda es una oportunidad para reunir información, preparar un escape o escapar, especialmente si el movimiento es una actividad rutinaria.

Los siguientes son buenos momentos para escapar:

- Cuando no van a visitarte o verificarte.
- Durante la noche.
- Durante el mal tiempo.

Elegir tu ruta

Al elegir una ruta, opta principalmente por el sigilo. Mantente en lugares donde sea menos probable que te vean y donde haya pocos sistemas de advertencia, como alarmas, trampas explosivas, luces o perros. Considera las distracciones que puedes crear y los obstáculos que puedes poner en el camino de tus enemigos.

Si es posible, planifica también rutas alternativas. Elige uno directamente enfrente y otro a 90 grados de tu ruta principal.

Capítulos Relacionados

- Preparación

SOBREVIVIR A UN INTENTO DE RESCATE O UNA LIBERACIÓN

Las autoridades pueden enviar un equipo táctico para rescatarte. Esto es excelente, si sobrevives al rescate.

Si tienes tiempo, dirígete a una parte más segura de la habitación tan pronto como te des cuenta del intento de rescate. Elige algún lugar entre estos:

- Debajo o detrás de algo que te cubra.
- Alejado de puertas y ventanas.

Luego entra en la posición de supervivencia de granadas:

- Acuéstate boca abajo.
- Apunta tus pies hacia el probable punto de entrada o explosión.
- Cruza las piernas y cúbrete los oídos.
- Mantén los codos apretados contra la caja torácica.
- Abre un poco la boca.

Una vez que hayan pasado las explosiones o las balas, ponte de espaldas y extiende las manos y las piernas para mostrar que están vacías.

Para evitar ser confundido con un delincuente, no:

- Te pongas de pie.
- Huyas de los rescatistas.
- Coge un arma.
- Intenta ayudar a los rescatistas.

Debes estar preparado para un tratamiento hostil por parte de las fuerzas de rescate hasta que seas identificado positivamente.

Liberarte

Si tus captores te están liberando por cualquier motivo, sigue sus instrucciones.

AUTOMÓVILES

Lo más probable es que te encuentres con un automóvil mientras te llevan o durante tu escape. En esta sección, aprenderás una variedad de tácticas relacionadas con el automóvil, como seguridad general, escapar de un automóvil, técnicas de conducción evasiva y más.

ESCAPAR DE UN AUTOMÓVIL

Tus posibilidades de escapar disminuyen cuanto más te alejas de donde fuiste secuestrado originalmente.

Si no pudiste luchar contra tu atacante inicialmente, haz tu mejor esfuerzo para escapar del auto. Cuando te lleve a un lugar seguro, esto será mucho más difícil.

Escapar del maletero de un coche

Hay algunas cosas que te pueden ayudar a escapar cuando te meten en el maletero de un automóvil:

- Tira de la palanca de liberación de emergencia del maletero. Estas son comunes en los autos más nuevos.
- En automóviles más antiguos, tira del cable de liberación.
- Presiona tu espalda contra el techo del maletero y usa sus brazos y piernas para abrirlo.
- Usa el gato del coche para abrirlo a la fuerza.
- Desconecta la luz de freno y patéala. Pon tu mano a través del agujero para pedir ayuda.
- Patea a través del asiento trasero.

Cuando te coloquen en el maletero, intenta ubicarte de manera que puedas acceder a tus herramientas de escape.

Saltar de un automóvil en movimiento

Saltar de un automóvil en movimiento es peligroso, pero es mejor que un secuestro. Antes de intentar saltar, asegúrate de que la puerta esté sin seguro.

Prepárate para saltar en el momento más seguro:

- Más de 30 mph (50 kmh) es demasiado rápido. Elige un

momento en el que estés detenido, que comience a acelerar
o justo antes de doblar una esquina.

- Asegúrate de que no haya nada en tu camino al salto.
  Continuarás moviéndote en la misma dirección y a la
  misma velocidad que el automóvil.
- Es preferible aterrizar en una superficie blanda, como
  césped.

Si es posible, acolcha tu ropa con algo suave, como periódicos.

Cuando sea el momento de saltar, abre la puerta completamente
para que sea menos probable que se cierre sobre ti. Salta lo más
lejos posible en un ángulo, en la dirección opuesta a aquella en la
que se mueve el automóvil.

Si el automóvil está girando, salta desde el lado opuesto al que está
girando. Eso significa que, si estás sentado a la derecha, espera a que
gire a la izquierda.

Enróllate en una bola y mete tu barbilla para proteger su cabeza.
Intenta aterrizar de espaldas y rodar cuando aterrices.

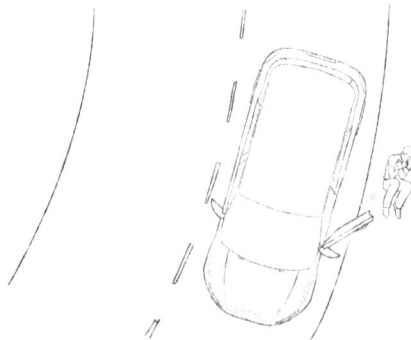

Conductor discapacitado

Para tomar el control de un automóvil cuando su conductor está
incapacitado, usa tu pierna para empujar su pierna fuera del
camino. Toma el control del acelerador y conduce el automóvil a un

lugar seguro.

Patear para abrir una ventana de coche

Las ventanas de los automóviles son resistentes, especialmente los parabrisas delantero y trasero, así que no intentes patear uno de esos.Para patear una ventana lateral, acuéstate boca arriba con los pies mirando hacia la ventana.

Usa ambos pies juntos para patear en la parte inferior derecha. Tus pies rebotarán si intentas patearlo en el centro.

Escapar de un auto que se hunde

Si te encuentras en un automóvil que se dirige hacia el agua, prepárate para el impacto. Tan pronto como termine la colisión inicial con el agua, abre la ventana. Quieres hacer esto lo antes posible, incluso antes de golpear el agua, si es posible. Trata de salir antes de que el automóvil comience a hundirse.

Cuando la ventana no se abra lo suficiente, rómpela con una herramienta para romper vidrios o con un objeto pesado, como un candado de volante, o patéalo como se describió anteriormente.

Si el automóvil comienza a hundirse antes de que puedas escapar, espera hasta que el agua deje de entrar y sal por la ventana.

Como último recurso, espera hasta que el automóvil se llene de agua. Esto liberará la presión y podrás abrir la puerta. Cuando tengas que contener la respiración, primero vacía completamente los pulmones y luego respira profundamente para que tu cuerpo esté lleno de aire fresco. Trata de mantener la calma para poder contener la respiración por más tiempo.

Capítulos Relacionados

- Equipo de Supervivencia Encubierta

DESACTIVAR EL COCHE DE TU ENEMIGO

Hay varias maneras de desactivar el automóvil de tu enemigo para que no pueda perseguirte. Haz todo lo que sea posible de lo siguiente, dado el tiempo y el acceso que tengas.

En general, corta los cables, drena los fluidos y saca cualquier cosa del motor. Aquí hay algunas sugerencias más específicas:

- Pincha los neumáticos.
- Retira los tornillos de los neumáticos.
- Pon algo en el tubo de escape. Empácalo bien.
- Clava algo afilado a través del radiador.
- Retira los cables de las bujías.
- Bloquea el filtro de entrada de aire con un paño.
- Inunda el filtro de entrada de aire con una manguera.
- Retira la batería.
- Retira el motor de arranque.
- Enciende un trapo y déjalo en el tanque de gasolina.
- Contamina el tanque de gasolina con jabón para platos, azúcar, agua o tierra.

ROBAR COCHES

El hecho de que haya un automóvil que te puedas llevar no siempre significa que debas hacerlo. Cubrirás mucha más distancia en uno, pero también será más fácil rastrearte.

Si decides tomar un automóvil y tienes una opción, la mejor opción es uno que:

- Sea fácil de robar.
- No se destaque. Esté demasiado sucio o limpio y tenga pocas marcas de identificación obvias (calcomanías de parachoques, abolladuras, pintura brillante, etc.).
- Esté más cerca del suelo. Los autos más altos se voltean con más facilidad en una persecución.

Obtener las llaves

Conseguir las llaves es la mejor forma de conseguir un coche. Hay varias formas de hacerlo.

- Roba las llaves, robando a su dueño o sacándolas de un servicio de aparcacoches, por ejemplo.
- Asalta a alguien para robar el auto. Esto es bueno para una escapada rápida, porque el automóvil ya está en marcha. Las gasolineras y los cajeros automáticos son buenos lugares para hacer esto, ya que el conductor puede dejar sus llaves en el automóvil mientras sale.
- Usa llaves maestras. Las puedes robar de las grúas. A veces te pueden funcionar las llaves de dos automóviles diferentes del mismo fabricante.
- Encuentra llaves de repuesto o de aparcacoches en un coche sin llave. Revisa la consola central, la guantera, debajo de las alfombrillas o en la visera. Las llaves del servicio de aparcacoches suelen estar en el manual del propietario.

Lograr la entrada

Cuando el automóvil está con el seguro y no tienes las llaves, deberás ingresar al automóvil antes de poder tomarlo. Para romper una ventana, usa algo duro para golpearla en las esquinas. Las ventanas laterales son las más débiles. Si tienes los recursos, pega una X grande con cinta pegante sobre la ventana antes de romperla. Esto ayuda a contener el sonido y evita que se haga añicos.

De otro modo, puedes intentar abrir la cerradura. Para un seguro que sube estilo pull-up, usa un cordón de zapato. Primero, ata un lazo pequeño con un nudo corredizo. Mete el cordón del zapato por la puerta a través de la esquina superior del marco de la ventana. Cuando esté dentro del automóvil, maniobra por encima de la cerradura.

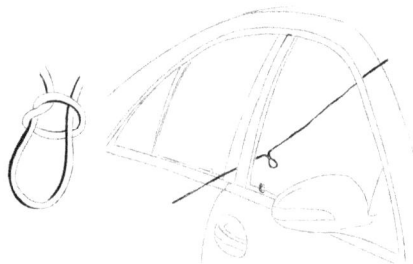

Aprieta el lazo alrededor de la cerradura y tira hacia arriba en ambos extremos.

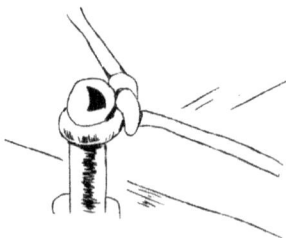

Un último método que no necesita ningún equipo especial es utilizar un perchero y un zapato. Haz palanca en la esquina superior de la puerta para abrirla y usa el zapato como calce en este espacio. Usa un colgador de ropa enderezado para abrir la puerta.

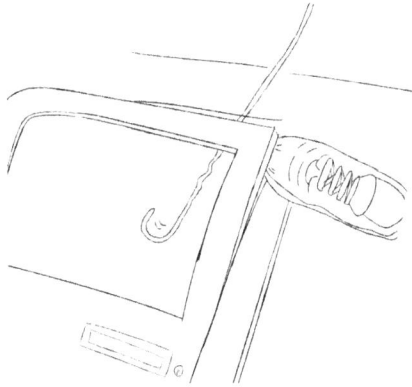

Arrancar un coche

Los coches más nuevos son casi imposibles de arrancar sin la llave o algún equipo especial. Si un automóvil se fabricó antes de 1999, es posible que puedas conectarlo. Cuanto más viejo sea el coche, mayores serán tus posibilidades de éxito.

No practiques esto en un automóvil que necesites. Lo estropeará. Antes de arrancar, pon el coche en neutro y con el freno de mano puesto. Si es automático, ponlo en park.

Violar la cerradura

Para violar la cerradura de un automóvil, necesitas:

- Un destornillador de punta plana.
- Un martillo.
- Alicates (opcional).

Inserta el destornillador en la ignición y fuerza su entrada con el martillo. Usa los alicates para girarlo.

Conexiones ilegales

Para hacer la conexión ilegal de un automóvil, necesitarás:

- Cortadores y pelacables.
- Alicates.
- Destornilladores de cabeza plana y Phillips.
- Un martillo.
- Guantes aislantes.
- Cinta eléctrica.

Retira el panel de plástico por encima y por debajo del eje de dirección. Puedes desatornillarlo o romperlo.

Selecciona el conjunto de cables que van al eje de dirección. Serán cinco cables que se conectarán al cilindro de encendido (donde se inserta la llave).

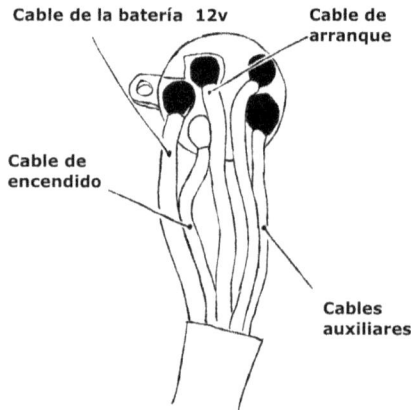

Extrae el cilindro de encendido y corta los primeros tres cables de la secuencia (batería, motor de arranque y encendido). Los colores variarán según el coche.

Expón los cables, pero no los toques con las manos desprotegidas. Usa guantes aislantes o un paño.

Une los cables de la batería y de encendido para iluminar el tablero. Toca el cable de arranque con el cable de la batería/ignición para arrancar el automóvil.

Si el automóvil tiene dos cables de arranque, toca esos dos juntos, y no al cable de encendido/batería.

Una vez que el automóvil arranca, envuelve los cables de arranque con cinta aislante. Esto evita que te toque a ti o a los otros cables. Para apagar el motor, separa la batería y los cables de encendido.

Dispositivo antirrobo

Si un automóvil tiene un bloqueo de dirección, gira el volante con fuerza en una dirección hasta que se rompan los pasadores de bloqueo. Alternativamente, ubica un espacio en el centro del eje de dirección, entre el volante y el mismo eje. Introduce el destornillador de punta plana en el espacio para empujar y zafar el pasador de bloqueo.

Capítulos Relacionados

- Carterista
- Abrir Cerraduras con Ganzúa

SEGURIDAD DEL COCHE

Estos son algunos consejos para la seguridad general del automóvil.

Realiza el mantenimiento de tu automóvil personal con regularidad y verifica los aspectos básicos (aceite, agua, presión de los neumáticos, tuercas apretadas, etc.) semanalmente. La presión óptima de los neumáticos para una conducción normal es de un 10 por ciento por debajo de la PSI recomendada según el neumático, y no el manual del automóvil.

Mantén siempre tu tanque de gasolina al menos 1/4 lleno y pega una hoja de afeitar al cinturón de seguridad del hombro como herramienta de escape. Un rompe vidrios es otra herramienta para salvar vidas que se debe mantener al alcance de la mano.

Ajusta tus espejos laterales para una máxima visión periférica. Si puedes ver algo de la parte trasera de tu automóvil, debes empujarlos hacia afuera.

Usa siempre el cinturón de seguridad cuando conduzcas. Sostén el volante en un agarre por encima (pulgar junto a tus dedos) en los puntos de las 9 y las 3 en un reloj. Nunca cruces las manos ni conduzcas con la palma. Usa la dirección aleatoria.

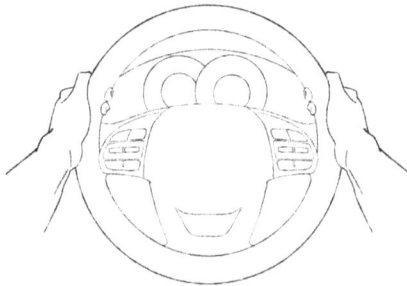

Para evitar ser víctima de la furia vial, sigue las reglas de tránsito. Si cometes un error, sonríe y di «lo siento» al conductor que afectaste mientras te alejas.

Si se te pincha una llanta, enciende las luces de emergencia y conduce lentamente por el arcén de la carretera hasta que llegues a un lugar lo suficientemente seguro para cambiarla. ¡El lado de la carretera no es seguro!

Aprender lo básico de reparación de automóviles puede salvarte la vida. Como mínimo, debes saber cómo:

- Cambiar una llanta.
- Inflar los neumáticos.
- Conectar la batería.
- Poner en funcionamiento una batería descargada.
- Controlar y reponer los líquidos del coche.

Si sufres una avería en un área aislada o insegura, enciérrate en el automóvil y pide ayuda.

Para los pasajeros, el lugar más seguro en un automóvil es detrás del asiento del conductor. En caso de accidente:

- Aprieta tu cinturón de seguridad tanto como sea posible.
- Cruza los brazos sobre tu cuerpo.
- Siéntate erguido, con la espalda y la cabeza hacia atrás en tu asiento.
- Relaja tu cuerpo.

Kit de seguridad para el automóvil

Guarda los siguientes artículos en tu automóvil para un caso de emergencia.

- Rueda de repuesto.
- Gato de neumáticos.
- Armas: una en el maletero y otra al alcance del asiento del conductor.
- Cables de puente.
- Cuerdas para remolque.

- Fluidos de emergencia (aceite, gas y refrigerante).
- Tres días de comida y agua.
- Kit de primeros auxilios.
- Equipo para clima frío (mantas, ropa extra, poncho).

Modificaciones de coches

Hacer algunas modificaciones en el automóvil aumenta el rendimiento, la confiabilidad y la seguridad. Aquí están las adiciones mínimas que debes hacer:

- Alarma e inmovilizador de coche.
- Navegación GPS.
- Rastreo GPS.
- Neumáticos radiales rellenos de espuma antipinchazo.
- Lámparas de cuarzo-yodo.
- Líneas de freno de acero inoxidable.
- Tapón de gasolina con llave.
- Perno grueso a través del tubo de escape.
- Espejos laterales eléctricos de gran angular.

Si conducirás por terreno accidentado, actualiza lo siguiente a las versiones de servicio pesado:

- Radiador.
- Amortiguadores y resortes.
- Bomba de dirección.
- Batería.

Capítulos Relacionados

- Accidentes Automovilísticos

CONDUCCIÓN EVASIVA

Hay una variedad de técnicas de conducción evasiva en este capítulo. Algunas son útiles para la vida diaria, pero otras pueden ser peligrosas. Practícalas de forma segura.

Prueba estas técnicas solamente en automóviles con centro de gravedad más bajo. Los SUV y minivans tienen mayor probabilidad de volcarse.

Antes de ponerte en peligro tú mismo y otros conductores, asegúrate primero de que te están siguiendo.

Conducción de dos pies

Si conduces un automóvil con transmisión automática, conducir con los dos pies aumentará tu tiempo de reacción.

Esto requiere que uses un pie para los frenos y el otro para acelerar, en lugar de usar un pie para ambos. Utiliza las puntas de los pies para pisar los pedales.

Frenado de umbral

El frenado de umbral es una técnica para reducir más rápidamente tu velocidad. Mejorará tus curvas y otras maniobras precisas.

Aplica una presión gradual pero firme sobre el freno hasta justo antes de que las ruedas se bloqueen o el ABS se active. Si las ruedas se bloquean, suelta un poco el freno y vuelve a aplicarlo con un poco menos de presión. Si tus llantas chirrían, debes soltar el freno, pero no esperes que eso ocurra.

Escaparse de un perseguidor

A menos que sepas que tu automóvil superará al de un perseguidor y esté en carreteras abiertas, mantén tu velocidad por debajo de los 100 km / h (65 mph). Si vas más rápido, es probable que te estrelles.

Evita que tu perseguidor se te ponga al lado bloqueando su camino. Si se te pone al lado, tendrá un blanco para disparar o es probable que te embista.

Si te dispara, haz slalom (vaivenes) para evitar las balas. Si le disparas de regreso, apunta al conductor o sus neumáticos delanteros. Es mejor si es un pasajero el que dispara. Colócalo en el asiento trasero para que pueda disparar en cualquier dirección.

Para saltar un bordillo, reduce la velocidad a menos de 70 km / h (45 mph) y acércate a él en un ángulo de 45 grados.

Como último recurso, sal de la carretera. Conduce con mucho cuidado, ya que habrá muchos obstáculos adicionales (agujeros, rocas, etc.). Cuando no puedas ir más lejos, sal y cúbrete para poder tender una emboscada a tus perseguidores.

Esquinas

Girar bien una esquina se trata de tomar la cúspide. El vértice es el punto donde las ruedas están más cerca del borde interior de la esquina.

Cuando tengas varias distancias de automóvil entre tú y tu perseguidor, apunta a un ápice tardío. Esto significa que reducirás la velocidad antes de entrar en la esquina, pero saldrás más rápido, y cuanto más rápido salgas, más rápido estarás en la recta siguiente.

Si tu perseguidor se encuentra a menos de varias distancias de automóvil, es mejor tomar un ápice temprano. De lo contrario, puede atraparte en la curva cuando disminuyas la velocidad.

Estas son algunas técnicas específicas para tomar curvas. Ellos asumen que quieres tomar un ápice tardío.

Para dar un giro de 90 grados, comienza lo más afuera posible. Usa el frenado de umbral cuando te acerques y suelta los frenos cuando estés en el primer tercio de tu giro. Acelera al salir de la curva.

En curvas en S, conduce lo más cerca posible de una línea recta.

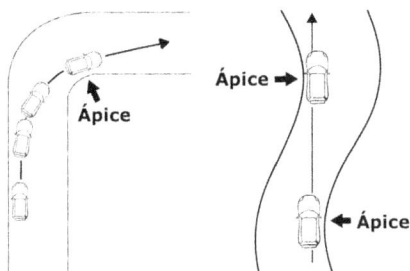

Para girar en una curva cerrada, comienza ancho en la primera mitad y trata la segunda mitad como un giro de 90 grados. Tómala más despacio que los otros giros.

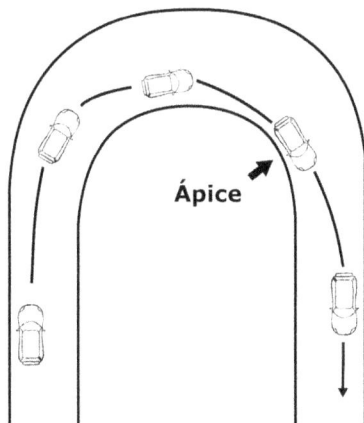

El giro de tres puntos del contrabandista

Esta es una variación del giro estándar de tres puntos. Te permite invertir tu dirección después de una curva en una carretera estrecha.

Inmediatamente después de la curva, gira hacia una carretera que se cruza (o camino de entrada). Una vez que tu perseguidor te pase, retrocede y conduce en la dirección opuesta.

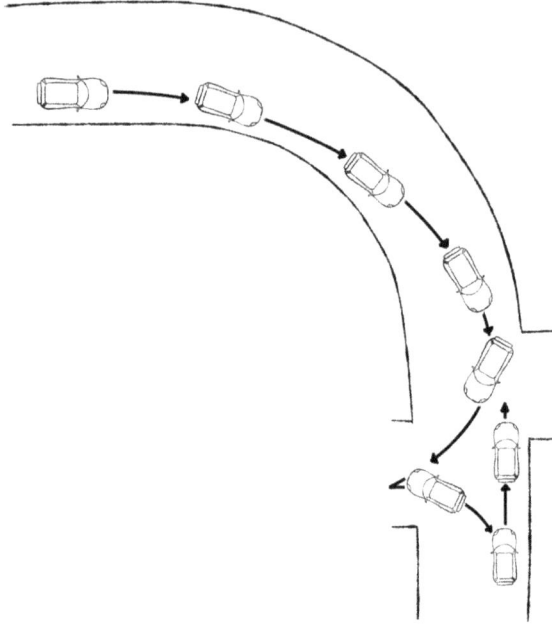

Giro de contrabando

El giro de contrabando estándar es un giro de 180 grados en una carretera de dos carriles. Es bueno hacerlo después de una esquina ciega o en un puente largo e indiviso.

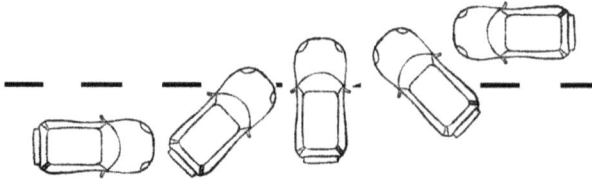

Al practicar esta maniobra, infla tus neumáticos a 10 psi por encima del máximo recomendado. Esto evitará que exploten. Espera que tus neumáticos delanteros se desgasten rápidamente.

Para evitar voltearte o perder el control, no superes los 50 km / h (30 mph).

Si deseas girar a la izquierda (como en la imagen), haz lo siguiente en rápida sucesión:

- Coloca una mano sobre el volante y la otra sobre el freno de emergencia (o freno de mano). Es importante utilizar el freno de mano o de emergencia. El freno de pie normal bloqueará los neumáticos delanteros.
- Gira el volante un poco hacia la derecha.
- Aplica el freno, y simultáneamente gira la rueda hacia la izquierda hasta que tu mano esté cerca de la posición de las 6 en el reloj.

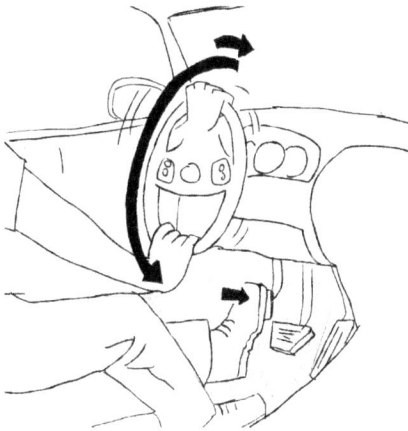

Si estás en un automóvil de transmisión manual, pisa el embrague cuando pisas el freno.

Cuando el automóvil se encuentre a 90 grados, suelta el freno de emergencia, endereza el volante, cambia a la marcha baja (transmisión manual) y acelera.

No pises a fondo el acelerador.

Reversa a 180

Para dar un giro de 180 grados en una carretera de dos carriles mientras retrocede, usa la reversa 180. Esto es bueno contra las barricadas y con suficiente práctica puedes hacerlo en un carril.

Al igual que con el giro de contrabandista, infla los neumáticos a 10 psi por encima del máximo recomendado y no superes los 50 km / h.

Si deseas girar a la izquierda (es decir, si el espacio de la carretera está a tu izquierda):

- Coloca su mano a las 4 en el reloj (7 si deseas girar a la derecha) y pon la otra mano en la palanca de cambios.
- Acelera en reversa a aproximadamente 40 km / h (25 mph). Usa tus espejos retrovisores, en lugar de girar la cabeza.
- Gira el volante un poco hacia la derecha, luego quita el pie del acelerador, cambia a neutral y gira el volante bruscamente hacia la izquierda lo más que puedas. No uses los frenos.
- Cuando el automóvil esté a 90 grados, cambia a una marcha baja/adelante, endereza el volante y acelera.

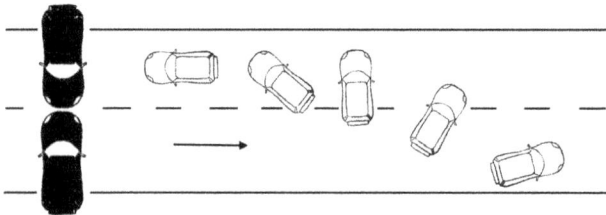

El corte

El corte es una maniobra que puedes utilizar para escaparte de un perseguidor en el tráfico. Sin hacer la señal, gira frente al tráfico que viene en sentido contrario en el carril opuesto.

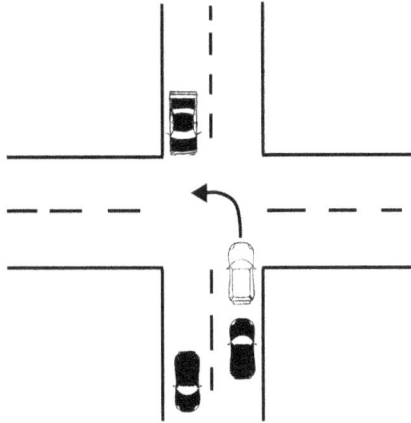

Ir a través de un bloqueo de coches

Cuando te encuentras con un obstáculo en la carretera hecho de automóviles, es preferible rodearlo.

Si eso no es posible, tu objetivo es atravesarlo.

Mientras te acercas, reduce la velocidad a menos de 30 km/h (20 mph). Esto te permitirá evitar inutilizar tu automóvil en el impacto y le dará a los guardias la impresión de que te estás deteniendo.

Apunta a golpear la esquina de tu auto en la esquina del auto bloqueador. Cualquier contacto de esquina a esquina funcionará, así que considera lo que hay detrás del automóvil bloqueado. Si no hay nada más que considerar, lo ideal es presionar el lado del pasajero (el más alejado de ti) contra la esquina trasera del otro automóvil (el lado más liviano).

Mantén el pie en el acelerador a una presión constante hasta que hayas terminado, luego acelera.

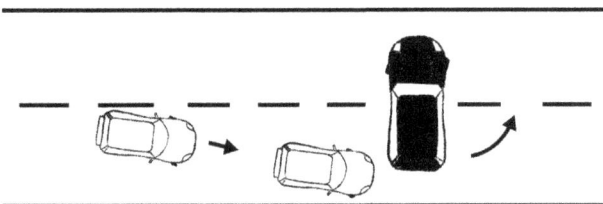

Cuando hay dos coches, apunta hacia el coche que sea más fácil de pasar o hacia el centro de la brecha.

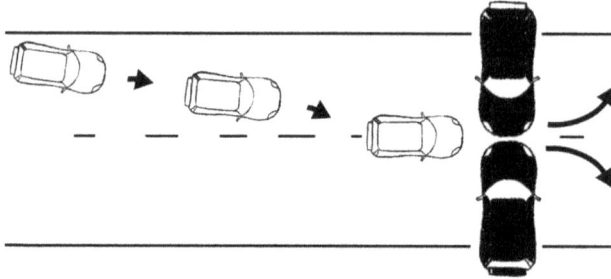

Eliminar otro coche

Si logras ponerte detrás de tu perseguidor, puedes usar las siguientes técnicas para sacarlo del camino. A menos que vaya a menos de 45 km / h (30 mph), probablemente se estrelle.

El primer método es la técnica de inmovilización de precisión (PIT por sus siglas en inglés). Pon tu parachoques delantero en línea con su rueda trasera. Mantén tu velocidad y empuja tu parachoques delantero contra su rueda trasera. Aplica los frenos inmediatamente y evádelo mientras gira frente a usted.

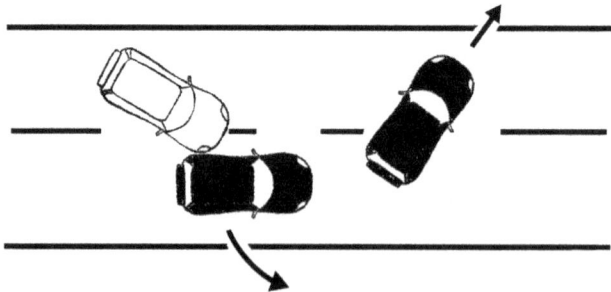

Para hacer el segundo método, comienza directamente detrás de él y acelera, de modo que vayas unos 20 km / h (10 mph) más rápido que él. Golpea la esquina de tu parachoques delantero contra el lado opuesto de su parachoques trasero. Esto es un golpe, no un empujón.

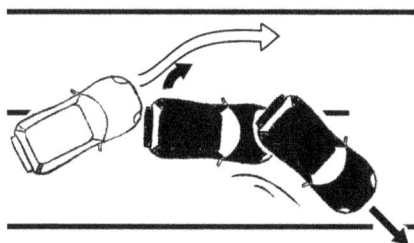

En el método final, acelera para adelantarlo. Mientras lo pasas, empuja el centro de tu automóvil hacia la esquina de su parachoques delantero.

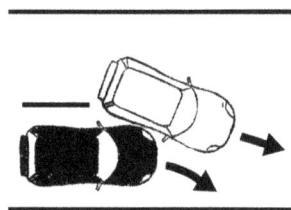

Capítulos Relacionados

- Acosadores

NEGOCIACIÓN

Conocer algunas tácticas básicas de negociación es útil en muchas áreas de la vida, desde hacer compras como consumidor, hacer negocios, hasta convencer a tus hijos de que se vayan a dormir. En el contexto de los temas tratados en este libro, puede ayudarte a obtener beneficios adicionales como prisionero, o negociar su liberación o la de un ser querido.

La idea básica de cualquier negociación es descubrir lo que quiere la otra parte, averiguar cómo dárselo e intercambiarlo por lo que tú quieres. La negociación es un proceso no lineal. Para hacerlo con éxito, debes adquirir cinco habilidades principales:

- Escuchar atentamente.
- Obtener información.
- Detectar mentiras.
- Superar barreras.
- Regateo.

Cada una de estas habilidades es útil en sí misma. Un negociador hábil las utilizará para complementarse entre sí.

Pero, antes de poder usar cualquiera de ellas, debes establecer tu objetivo mínimo. Haz que sea algo realista que te gustará conseguir. Durante las negociaciones, siempre intenta obtener el mejor trato posible, pero nunca cedas menos de tu objetivo. Si no obtienes la oferta que deseas, aléjate.

ESCUCHAR ATENTAMENTE

Escuchar con atención es la base para crear una relación positiva. Estableces una relación y obtienes información al mismo tiempo. Para escuchar atentamente, dedica toda tu atención a comprender lo que dice la otra persona, tanto verbalmente como con su tono de voz y lenguaje corporal. En una negociación formal, presta especial atención al inicio y al final de la reunión, así como en los momentos de interrupción. Estos son los momentos en los que puedes observarlo sin estar en guardia.

Cuando deje de hablar, demuestra tu comprensión repitiendo lo que te está diciendo. Haz esto repitiendo las últimas tres, o las una a tres palabras críticas que dijo, precedidas por la frase «Tú piensas / quieres / sientes ...». Otra forma de hacer eco es inferir y repetirle sus sentimientos, precedidos por las palabras «Parece / suena / parece que usted ...». Puedes usar el eco como una declaración o una pregunta. La única diferencia es tu inflexión. Haz siempre una pausa de al menos cinco segundos después de hacer eco. Esto le dará tiempo para procesar y, en la mayoría de los casos, llenará el silencio. No lo interrumpas para hacer eco de nuevo o por cualquier otra cosa. Cuando hable largo y tendido, usa frases simples como: «Sí», «Está bien» y «Ya veo» para demostrar que estás prestando atención.

Al principio, es posible que tengas que hacerle preguntas para que arranque con su discurso. Empieza con temas comunes como la familia y los intereses. Déjalo escalar a sus metas, valores y deseos. Puedes alentarlo un poco para acelerar el proceso. Cuando sepas lo que quiere (poder, dinero, sexo, etc.), averigua cómo puedes proporcionárselo o retenerlo, y utiliza esto como palanca al negociar. También puedes aprovechar sus valores. Nadie quiere ser hipócrita. Muestra interés genuino en sus metas y en su capacidad para lograrlas. Este es un gran apoyo para las relaciones.

Cuando tu oponente dice: «Eso es correcto», significa que has hecho eco correctamente de lo que siente. Es más genuino y comprometido que el «Sí», que la gente suele utilizar para complacer a los demás. El «Eso es correcto» definitivo es cuando resumes con éxito su punto de vista general. Es como combinar y parafrasear todas tus declaraciones de eco juntas de manera que se encapsula cómo ve la situación.

Nota: «Eso es correcto» es diferente de «Tienes razón». «Tienes razón» es similar a un «Sí».

Fomentar buenas relaciones

Es mucho más fácil negociar un trato con alguien con quien se es amigo. Trata de construir una buena relación desde el principio y continuar haciéndolo durante toda la interacción.

Además de escuchar atentamente, hay algunas otras cosas generales que puedes hacer para establecer una buena relación.

Da una primera impresión positiva cuando conozcas a alguien mirándolo a los ojos y diciendo «Hola, (nombre)» mientras sonríes genuinamente. Esto es irrelevante con una persona hostil (como su secuestrador), pero es bueno saberlo para las interacciones diarias.

Sé cortés y respetuoso. Decir: «Por favor» y «gracias», te llevará lejos. Ser crítico, argumentativo o dar consejos no solicitados no es educado. Alentar y dar cumplidos lo son, pero solo si son genuinos. A nadie le gustan los «limpia sacos». No tienes que estar de acuerdo con todo lo que dice la otra persona, pero no seas grosero.

Sé responsable y digno de confianza. Admite cuando cometas un error (a menos que haya ramificaciones legales) y cumple lo que dices. Esto significa que debes ser honesto sobre lo que puedes y no puedes hacer.

Sonríe mientras hablas (incluso por teléfono) para proyectar una actitud positiva.

Evita la palabra «yo». Hablar constantemente de ti o de las cosas que quieres lo alejará de ti y del trato.

SOLICITA INFORMACIÓN

Incluso cuando no estés negociando, deseas obtener la mayor cantidad de información posible de tus captores (o de otros). Nunca se sabe lo que podrías descubrir que pueda ayudarte a escapar.

Cuando te dirijas a alguien para obtener información, busca el eslabón débil si es posible. Suele ser quien sea más amable contigo (te da comida extra, por ejemplo). Empieza por utilizar la escucha activa. Si esto no es suficiente, prueba algunas de estas tácticas.

Estate atento a las personas que utilicen estas tácticas en tu contra también, ya sea en cautiverio (interrogatorio) o en la vida cotidiana.

Conseguir ayuda

A menudo, las personas se sienten felices de mostrarte cómo hacer algo sin darse cuenta de que no deberían estar enseñándote.

Halagar a un objetivo

Halaga a tu objetivo sobre lo que hizo (o lo que crees que hizo), y él estará feliz de decirte exactamente cómo lo hizo.

Corrígeme

Haz una declaración falsa para dar lugar a la respuesta correcta.

Dime más

Cuando él toque un tema de interés, anímalo a hablar más sobre sí mismo con una pregunta abierta, como: «Oh, eso no está bien. ¿Por qué sucedió?».

Intercambio de conocimientos

Demuestra que tienes conocimiento de un tema y él puede ayudarte a llenar los vacíos o decirte lo que sabe solo para formar parte de la conversación.

Preguntas indirectas

Las personas pueden ponerse a la defensiva cuando se les hace preguntas directas. Haz preguntas indirectas para obtener la respuesta. Por ejemplo, en lugar de «¿Qué hizo mal Ryan?», pregunta: «¿Qué hubieras hecho diferente?».

Sentimientos heridos

Las personas pueden ocultar información o decir mentiras piadosas para proteger tus sentimientos. Asegúrales que tus sentimientos no serán heridos y pídeles la brutal verdad.

Adivinar

Cuando alguien diga «No sé», pregúntale algo como: «¿Cuál es su mejor suposición?».

Confiar

Confiesa alguna mala conducta similar a un objetivo para generar confianza. Él puede confesar su mala acción a cambio.

Lo que sucedió no es importante

Si sospechas que alguien está mintiendo o hizo algo mal, dile que no te importa el acto, sino que la honestidad en tu relación o su motivación para hacerlo (por ejemplo, si fue un accidente) es más importante.

Dar una razón

A veces, las personas necesitan un pequeño empujoncito para divulgar información. Usa una frase «porque», como «necesito saber si ... porque ...». Haz que la razón sea buena o seria.

Última oportunidad

Informa a tu objetivo que, si no te lo dice ahora, no tendrá otra oportunidad. Dale una razón por la que no habrá otra oportunidad, o explícale lo que podría suceder si no habla.

Ataca el ego de tu objetivo

Deduce que tu objetivo probablemente no sepa la respuesta. Él podría dártela como prueba de que sí la sabe.

Ayuda a tu objetivo

Dile a tu objetivo que puede ayudarte a salir de una mala situación, pero que primero debes conocer los hechos.

Capítulos Relacionados

- Obtener Información

DETECTAR MENTIRAS

Al obtener información, necesitarás saber qué es verdad o no. Estas habilidades también son útiles para detectar mentiras en general.

Hay algunos signos de comportamiento comunes que las personas pueden mostrar cuando mienten:

- Contar una historia mezclada, con contradicciones.
- Responder tu pregunta con una pregunta o alguna otra falta de respuesta.
- Culpar a los demás.
- Bloquear una mayor investigación.
- No poder aportar pruebas.
- Confirmar, negar o no corregir hechos falsos.
- Referirse constantemente a otras personas con pronombres en tercera persona (él, ella, ellos, etc.).
- Tropezar con las palabras mientras su cerebro está formulando la mentira.
- Apuntar lejos de ti o moviendo los dedos. Esta es una indicación de que la persona quiere escapar.
- Estar más interesado en las consecuencias que en la historia.
- Saber cosas que no debería.
- Se mueve menos o se congela por completo.
- Reaccionar de forma exagerada cuando se enfrenta.
- Presentarse como dignos de confianza en lugar de responder preguntas directamente (hablarte de sus buenas obras o su naturaleza religiosa, por ejemplo).
- Mirarte demasiado fuerte.
- Contar historias que no coinciden con las de otras personas. Siempre interroga a los cómplices por separado.
- Sugerir un castigo más leve para el culpable «desconocido».
- Usar un tono de voz y un lenguaje corporal incongruentes con lo que dicen. Por ejemplo, dicen que sí pero mueven sutilmente la cabeza de un lado a otro.

- Usar un número excesivo de palabras.

Las señales anteriores pueden detectar a un mentiroso, pero no son muy confiables. Incluso si una persona muestra varios de ellos, puede estar diciendo la verdad.

Un método más preciso es estudiar cuál es el patrón de comportamiento de una persona cuando no miente. Para hacer esto, primero debes establecer su comportamiento de no mentir como línea de base. Cuando sus gestos entran en conflicto con esta línea de base, puede juzgar si está mintiendo o no.

Establecer el comportamiento de referencia

Haz que tu objetivo se sienta cómodo, física y mentalmente.

Haz preguntas sencillas y abiertas sobre las que no tenga motivos para mentir.

Estudia su comportamiento y toma nota mental de sus gestos mientras habla. Por ejemplo, haz un seguimiento de si está dando golpecitos con los dedos, mirando hacia otro lado, mordiéndose las uñas o haciendo determinadas expresiones faciales. Estos son sus gestos normales, asumiendo que habla con sinceridad.

Ahora puedes hacer preguntas a las que tal vez le mienta. Busca los signos comunes de un mentiroso, descartando los que hayas notado como parte de su comportamiento normal.

Acción

Si piensas que alguien está mintiendo, intenta que diga la mentira tres veces en la misma conversación. Es difícil decir la misma mentira tres veces seguidas, especialmente si se la acaba de inventar.

Para hacer esto, hazte eco de lo que te dice, para que lo confirme. También puedes hacer una pregunta para que vuelva a explicar esa parte de su historia. Por ejemplo, puedes preguntar: «¿Cómo fue que lo hiciste ... de nuevo?».

En la mayoría de los casos, no se recomienda confrontar a alguien después de confirmar una mentira. En vez de esto, utiliza este conocimiento para tomar mejores decisiones y continuar obteniendo información.

Capítulos Relacionados

- Obtener Información

SUPERAR LAS BARRERAS

Una barrera es cualquier cosa que se interponga en el camino de lograr un trato. La mayoría de las veces, ambas partes en cualquier negociación seria se encontrarán con numerosas barreras.

Es importante recordar que lo que debes superar son las barreras, no la persona. No importa qué obstáculos surjan, mantén la calma y la educación y concéntrate en el trato.

A continuación, se incluyen algunas herramientas que puedes utilizar para superar las barreras en una negociación.

Objeciones preventivas

Antes de iniciar las negociaciones, enumera todas las objeciones que la otra persona pueda tener a tu oferta. Para hacerlo más fácil, imagínate en su lugar, con la mentalidad de querer rechazar tu oferta.

Piensa en una solución beneficiosa para todos o un giro positivo a cada objeción que escribas.

Haz que diga que «No».

Haz que tu opositor diga «no» al principio de las negociaciones. Esto te dará una sensación de control y, una vez que lo haya dicho, será más receptivo a las negociaciones.

Si no dice «no» de forma natural, actívalo de la siguiente manera:

- Haciéndole eco de forma incorrecta, por lo que tiene que estar en desacuerdo contigo.
- Haciendo preguntas a las que la respuesta positiva será un no, como «¿Me vas a pegar?».
- Hacer una pregunta que solo puede responderse negativamente, como: «¿Quieres que te arresten?».

Cuando una persona se niega a decir que no, es una indicación de que está indecisa, confundida o que tiene una agenda oculta. En este caso, es mejor alejarse de la negociación. Si necesitas volver a visitarlo, intenta encontrar a alguien de más rango con quien tratar.

Pregunta: «¿Cómo?».

Las preguntas de «cómo» son la forma más fácil de descubrir soluciones a objeciones, ya sean tuyas o de la otra persona. Úsalas temprano y con frecuencia.

Usar una pregunta de «cómo» funciona porque lo lleva a pensar en soluciones y estrategias de implementación. Esto le da un interés personal, ya que esas eran sus ideas.

Cuando usas una pregunta de «cómo», hazlo desde un estado de ánimo de resolución de problemas. De lo contrario, puede parecer una acusación.

Si una pregunta de «cómo» parece fuera de lugar, intente una pregunta de «qué», como: «¿Qué puedo hacer para que este problema desaparezca?».

Nunca preguntes «¿por qué?». Esto es una acusación.

Usa «Porque»

Es más probable que las personas cumplan con tu solicitud cuando das una razón, y la forma más sencilla de hacerlo es incluir la palabra «porque» en tu solicitud. Por ejemplo, puede decir: «Puede ser mejor ... (acción) porque ... (razón)». Asegúrate de usar un tono de voz razonable para que salga como una solicitud y no como una demanda.

Combinar «cómo» y «porque» también funciona bien. Por ejemplo, dile: «¿Cómo espera que ...? Porque ...». Alternativamente, reemplaza «porque» por «cuando» (que es esencialmente la misma palabra en este contexto), de modo que la pregunta sea: «¿Cómo podemos ... cuando ...?».

Sé justo

Es más probable que las personas cumplan cuando se les da un trato justo. Si se te acusa de ser injusto, pregunta: «¿Cómo estoy siendo injusto?», para descubrir la objeción.

Nunca acuses a tu oponente directamente de ser injusto. Solo lo volverá hostil. Implícalo con preguntas de «cómo». Por ejemplo, di: «¿Cómo se supone que ... cuando tú ...?».

Plazos

Las personas a menudo usan fechas límite para apresurar un trato, pero casi nunca están escritas en piedra.

Cuando las amenazas se vuelven específicas, comienza a prestar atención. Puedes juzgar la especificidad de las amenazas por cuántas de las «cuatro preguntas» (qué, quién, cuándo y cómo) se responden. Mientras más se responda, más específica será la amenaza.

Declinar ofertas

Decir «no» reprime directamente la negociación y puede ofender a tu oponente. Hay formas de declinar suavemente, lo que te permite hacer contraofertas con dignidad. Puedes decir que no sin usar la palabra «no» varias veces antes de tener que tomar una posición firme. Úsalas todas.

Cuando te opongas por primera vez a algo, resume la situación y utiliza una pregunta de «cómo», como: «¿Cómo se supone que ...?» o «¿Cómo sé si ...?». Haz esto varias veces si la situación lo permite.

Si te opones a su siguiente oferta, menciona su generosidad, discúlpate y declina: «Es una oferta generosa, pero lo siento, no puedo hacerla que funcione para mí».

Para tu próximo rechazo, discúlpate y declina: «Lo siento, pero realmente no puedo hacer eso».

Para declinar nuevamente, di «Lo siento, no». Si eso no es lo suficientemente firme, dale un rotundo «No». Usa una inflexión hacia abajo en su voz para una entrega suave.

Soluciones no monetarias

Cuando el dinero es una barrera, pero él no cede, mira a ver si puede ofrecer algo más para endulzarte el trato. Pide cosas que le costarán poco o nada, pero que tengan valor para ti.

Otra gente

A menudo ocurre que no estás negociando con la única persona (o personas) que quedarán afectadas por este trato. Esta es (generalmente) una barrera oculta que puede causar problemas más adelante.

Evita esto preguntando cómo afectará el trato a otras personas involucradas. Averigua si están a favor o qué objeciones tienen.

Otra barrera relacionada con las personas es la introducción de nuevos negociadores. Esto casi siempre significa que tu oponente planea tomar una línea más rígida. Si esto sucede, comienza desde donde lo dejaste. Reitera lo que has negociado hasta ahora, escucha con atención y supera las nuevas barreras.

REGATEO

Cuando escuchas con atención y tus herramientas para superar las barreras no son efectivas, debes recurrir al regateo.

El regateo también es una buena opción para las negociaciones rápidas de precios, como en un mercado callejero.

El modelo de Ackerman es una estrategia de negociación con una serie de herramientas psicológicas incorporadas. Aunque se basa en negociaciones monetarias, también puedes adaptarlo a otras cosas. Este modelo asume que estás tratando de obtener algo por un precio más bajo (es decir, tú eres es el «comprador»), pero también funciona si eres el «vendedor».

Paso 1. Establece tu precio objetivo

Que sea un número ambicioso pero posible. No debe ser un número redondo. En lugar de $ 500, por ejemplo, usa $ 497,98.

Paso 2. Fija un ancla extrema

Déjalo que haga la primera oferta.

Contrarresta con el 65% de tu precio objetivo, asumiendo que su oferta no fue mejor que eso.

Hacer una primera oferta súper baja reduce las expectativas de tu oponente y te da espacio para moverte. Puedes intentar lo mismo con su primera oferta. No dejes que eso cambie el tuyo. Cíñete a tu plan.

Puedes anticiparte a una objeción a su precio bajo (o alto) refiriéndote a otros casos, como el costo en línea o cuánto cobraría otra empresa.

Paso 3. Aumenta tu oferta en incrementos decrecientes

Tu segunda y tercera ofertas deben ser el 85% y el 95% de tu precio objetivo, respectivamente, siendo tu oferta final el 100%.

Aumentar tus ofertas de esta manera (65, 85, 95, 100) da la impresión de que estás siendo exprimido.

Asegúrate de utilizar todas tus herramientas para superar las barreras y decir no antes de cada aumento. Nunca aumentes tu oferta antes de que la otra persona haya hecho una contraoferta.

Paso 4. Implementar o alejarse

A veces, la gente necesita un empujón extra para cerrar el trato. Usa un llamado a la acción, como: «Hagamos esto». Si eso no es suficiente, muéstrale a tu oponente lo que perderá si no avanza. Es más probable que las personas tomen medidas si hay una pérdida en lugar de una ganancia igual.

Una vez que hayan establecido los términos, revísalos y elabora una estrategia de implementación (si corresponde). Una buena forma de hacerlo es con una pregunta de «cómo», como «¿Cómo le gustaría lograr esto?»

Si no estás satisfecho con el trato, aléjate de él.

Capítulos Relacionados

- Superar las Barreras

RECOPILACIÓN DE RECURSOS

Una vez que hayas reunido información y hayas creado un plan de escape, debes tener en tus manos cosas que te ayudarán a escapar y, si corresponde, te ayudarán a sobrevivir una vez que hayas escapado (si estás cautivo en el desierto, por ejemplo). Al mismo tiempo, no querrás tener que cargar demasiadas cosas, ya que esto dificultará tu escape.

ARTÍCULOS ÚTILES

Idealmente (pero con poca probabilidad), tendrás una mochila llena de todo lo que necesitas. A continuación, se muestran algunas cosas a considerar, con ejemplos entre paréntesis:

- Defensa (pistola, cuchillo).
- Escape (herramientas para romper, dispositivos de distracción).
- Navegación (mapa, brújula).
- Fuego (fósforos, piedra y acero).
- Agua (botella de agua, filtro, pastillas depuradoras).
- Alimentos (golosinas, cecina).
- Refugio (poncho, manta de supervivencia).
- Señalización (espejo, silbato, linterna, celular).
- Primeros auxilios (vendajes, antibióticos, yodo).

Obtener la mayoría de estas cosas será casi imposible cuando estás bajo captura, pero una vez que escapes, podrá encontrarlas o improvisarlas mientras huye. Para obtener más información sobre cómo hacer esto, visita *Técnicas Evasivas de Supervivencia en la Naturaleza*:

www.SFNonFictionbooks.com/Foreign-Language-Books

Incluso en cautiverio, puedes recolectar elementos útiles, como clavos, trozos de vidrio o cuerdas. No descartes nada hasta que hayas considerado todos los usos posibles.

Si tienes en tus manos un bolígrafo, dibuja un mapa en el interior de tu ropa.

Come cualquier alimento extra que te den en cautiverio para recuperar tu fuerza. Una vez que estés sano, comienza a acumular reservas para escapar o si tus captores dejan de alimentarte.

Rollo de vagabundo

Si no hay nada más disponible y tienes los recursos, haz un rollo de vagabundo para llevar tus cosas. Obtén una pieza de material de aproximadamente 90 cm (35 pulgadas) cuadradas. Se prefiere material resistente e impermeable.

Coloca dos piedras pequeñas en esquinas opuestas y dobla las esquinas de la tela sobre las piedras.

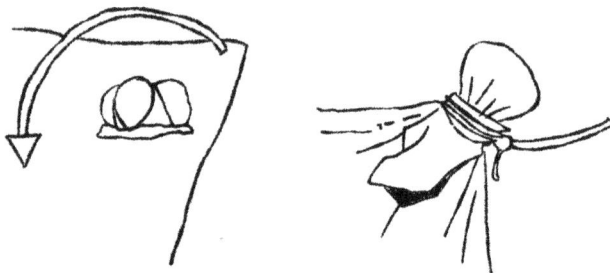

Coloca la tela en el suelo y coloca sus cosas a lo largo de un borde. Coloca los elementos más usados en el exterior y acolcha los elementos duros. Enrolla tus cosas bien apretadas.

Con un trozo de cordaje, ata cada extremo debajo de las piedras y luego envuelve todo alrededor de tu cuerpo en una posición cómoda para cargarlo.

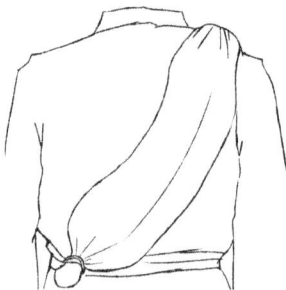

CARTERISTA

Saber cómo robar bolsillos puede ayudarte a recolectar recursos de tus captores o en la calle cuando estás huyendo. Estas lecciones también te brindarán protección contra los carteristas.

Un carterista exitoso es un hombre gris. Es alguien que otras personas pasan por alto y no se preocupan. Logra esta personalidad no sospechosa y mejorará tu capacidad para robar bolsillos.

Elige una marcación

Una marcación es una persona a la que planeas robar. Él es tu víctima.

Elige la persona con más valores. En la calle, esta sería alguien con mucho dinero o llaves de auto. Como cautivo, puedes elegir a alguien que tenga las llaves de tu celda o un arma.

La única forma de determinar quién tiene qué, es con la observación. Si necesitas dinero, ve a lugares donde el dinero sea visible, como cajeros automáticos, hipódromos, bares y bancos.

Las personas mayores son más fáciles de calificar porque a menudo necesitan ayuda, lo que te permite acercarte. También son menos sensibles a tus movimientos.

Cuando tengas una marcación, síguelo hasta que se presente una oportunidad.

Determina la ubicación

Nunca intentes levantar algo (el acto de tomar algo) a menos que sepas dónde está el artículo.

Observa dónde coloca tu marcación un artículo de valor es la forma más confiable de confirmar su ubicación. Otra opción es buscar el peso o la forma del objeto. Tu marcación puede revisarlo periódicamente, colocando sus manos sobre él para asegurarse de que todavía esté allí.

El bolsillo trasero es el más fácil de sacarle algo. Un carterista habilidoso puede llegar a cualquier bolsillo, pero como aficionado, debes evitar:

- Pantalones apretados.
- Bolsillos delanteros.
- Bolsillos interiores de la chaqueta.
- Una billetera colocada de lado (es decir, en una posición donde el pliegue no está directamente hacia arriba o hacia abajo).

Espera o crea una distracción por impacto

Saca la pieza del bolsillo de tu marcación cuando esté distraído. La gente solo puede concentrarse en una cosa a la vez. Quieres que se concentre en cualquier cosa que no seas tú o lo que quieras tomar.

El mejor tipo de distracción es aquél que tiene un pequeño impacto físico en él. Esto se debe a que cualquier sensación de fuerza mayor anula una de fuerza menor. Por ejemplo, si alguien le da un golpecito en el hombro, es menos probable que sienta que le sacas la cartera.

Las distracciones por impacto pueden ocurrir naturalmente en lugares concurridos, o puedes crearlas. Por ejemplo, puedes derramar algo sobre él (preferiblemente algo caliente) o chocarte con él mientras finges estar borracho.

Levantar el artículo

El gancho de dos dedos es una manera fácil de levantar artículos de varias formas y tamaños, como un teléfono, llaves o una billetera, especialmente si están en el bolsillo trasero o exterior del abrigo.

Párate detrás de tu marca y haz una «V» estrecha con los dedos índice y medio.

Coloca tus dedos dentro de tu bolsillo, lo suficiente para tocar el objeto, pero no más.

Sácalo de forma rápida y enérgica cuando se produzca la distracción.

Cuando tengas tiempo, como cuando estés esperando en una fila, puedes sacar un teléfono o una billetera poco a poco. Asegúrate de que tus manos estén visibles después de cada gran empujón.

Abortar

Si una marcación sospechosa se da la vuelta, arroja la billetera al piso y luego recógela diciendo: «Creo que se le cayó esto».

Si te atrapan antes de que se complete el levantamiento, tómalo como un golpe accidental.

Si te acusan, niégalo todo. Corre si es necesario.

Practica

El carterismo es una habilidad y, como cualquier habilidad, requiere práctica para que puedas ser bueno en ella.

Practicar con marcaciones reales no es una buena idea, pero practicar con personas reales es esencial, ya que te pueden proporcionar retroalimentación. Si necesitas una historia como excusa, diles que estás aprendiendo la magia de la prestidigitación.

Si no hay disponibilidad de una persona real, usa un maniquí, un abrigo en una silla o pantalones llenos de trapos.

Capítulos Relacionados

- Estafas comunes y robos pequeños
- Observación

ABRIR BOLSAS CON CIERRE

Abrir una bolsa con cierre puede descubrir algunas cosas útiles que puedes usar para escapar.

Abrir bolsas con cremallera

Para abrir una bolsa con cremallera cerrada, mueve las cremalleras hasta un extremo. Usa un bolígrafo para romper el riel de la cremallera (ponlo entre los dientes) y obtén lo que necesitas. Vuelve a cerrar la cremallera de la bolsa y funcionará de manera normal.

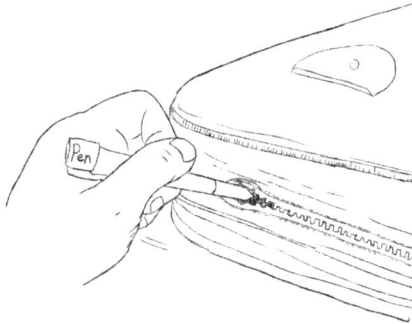

Candados para equipaje

Puedes abrir estos candados pequeños y baratos con un clip.

Dobla un extremo del clip en un pequeño bucle. Inserta el lazo en el candado y muévelo hasta que encuentres la abrazadera. Gira el clip hasta que la cerradura se abra.

ESCAPAR RESTRICCIONES

Hasta que estés en un lugar seguro, tus captores probablemente te restringirán.

Aquí hay un montón de técnicas para escapar de los tipos comunes de restricciones, como cinta adhesiva, bridas, cuerdas y esposas. La técnica que uses depende del material utilizado para sujetarte.

POSICIÓN Y MENEO

Para posicionarte para un escape más fácil, presenta tus manos frente a ti y agrándate:

- Inflando tu pecho.
- Flexionando tus músculos.
- Empujando los antebrazos hacia abajo para que las sujeciones queden alrededor de la mayor parte de los brazos.
- Extendiendo las manos mientras mantienes unidos los pulgares. Esto crea la ilusión de palmas cerradas, mientras dejas un espacio en tus muñecas.

Cuando ya estés atado, encoge tu tamaño a su tamaño normal para crear espacios de los que puedas salir.

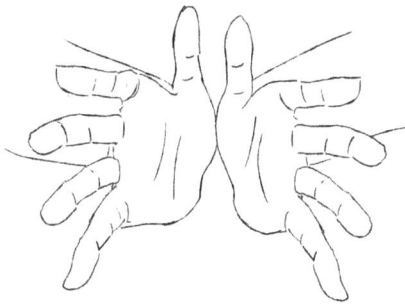

Cuando estés en una silla, respira profundamente y arquea la espalda baja.

Estira los brazos tanto como puedas sin ser obvio y mueve los pies hacia el exterior de las patas de la silla.

Si es posible, sostén un poco de la cuerda en tu puño.

Una vez solo, no te cambies de posición hasta que hayas accedido a los sistemas de sujeción y hayas elaborado un plan de escape. No querrás empeorar las cosas o quedar atrapado en el acto sin un plan.

Si tus manos están detrás tuyo, muévelas hacia un lado de tu cuerpo y mira hacia abajo. Alternativamente, usa cualquier superficie reflectante, como una ventana o un espejo.

Para colocar las manos frente a ti, bájalas hasta la parte posterior de las rodillas y pásalas una después de la otra.

Para soltarte de una cuerda, estira los brazos frente a ti y presiona las manos aplastándolas una contra la otra. Mueve los brazos hacia adelante y hacia atrás hasta que puedas sacar uno.

CORTE

Muchos tipos de restricciones son fáciles de vencer si tienes algo con qué cortarlos, como una hoja de afeitar, vidrio o una lata de aluminio. Ten cuidado de no cortarte, especialmente en una arteria.

Cuando no tengas algo afilado, busca algo con un ángulo de 90 grados. Una superficie rugosa, como la esquina de una pared, una silla o un mueble, funciona mejor. Pon tus manos en el medio del borde y haz un movimiento de aserrado hasta que se corte el material.

Si tienes algo de paracord, ata un bucle de pie en cada extremo. Inserta el paracord entre el material de sujeción y tu cuerpo. Coloca los pies en los bucles y acuéstate boca arriba. Haz un movimiento de bicicleta con los pies para cortar las ataduras.

FUERZA

El impulso y la fuerza rasgarán la cinta adhesiva. Si necesitas hacerlo, realiza estas acciones de repente:

Para liberar tus tobillos, gira los pies hacia afuera en forma de V. Ponte en cuclillas rápidamente, empujando los glúteos hacia los talones.

Para las muñecas, extiende las manos hacia adelante a la altura de los hombros y luego lleva los codos hacia atrás más allá de la caja torácica.

Un método alternativo para liberar las muñecas es levantar los brazos por encima de la cabeza y luego llevarlos hacia abajo y hacia los lados, más allá de las caderas.

Para usar este método para escapar de los amarres plásticos, primero mueve el mecanismo de cierre hacia donde se encuentran las palmas de tus manos, o tan cerca como puedas.

Cuando estés amarrado con cinta adhesiva a una silla, recuéstate lo más posible. Empuja tu cabeza hacia tus rodillas como si estuvieras asumiendo la posición de choque en un avión.

Para las esposas, usa una pieza gruesa de metal (como un cinturón de seguridad) para separar los brazos y romper el remache. Espera cortarte mientras haces esto.

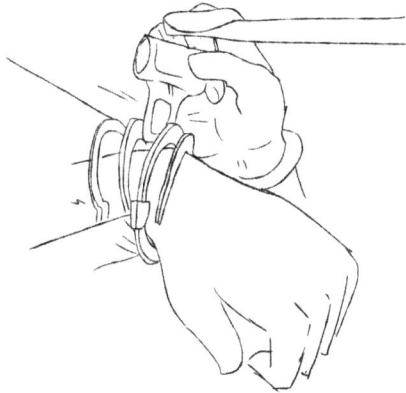

CUÑAS

Utilice cualquier alambre delgado (por ejemplo, un clip) para abrir el mecanismo de bloqueo de los amarres plásticos.

Coloca el alambre entre el trinquete y los dientes del amarre y luego separa las muñecas.

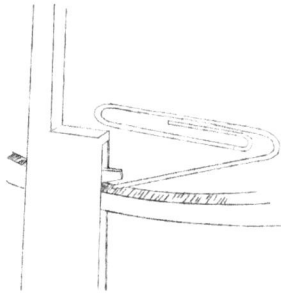

Puedes usar el mismo principio en esposas que no tienen doble bloqueo, pero la cuña debe ser más resistente. Una horquilla o pasador para el cabello funciona.

Introduce la cuña entre los dientes y el trinquete. Cuando esté lo más adentro que se pueda, aprieta las esposas un poco más para que la cuña entre más profundo. Esto liberará las muñecas para que puedas levantar la mano.

Asegúrate de que tu calza no sea demasiado delgada o débil, o se atascará. Por ejemplo, si usas una lata de aluminio, duplícala.

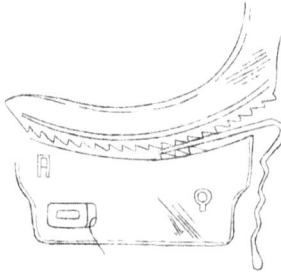

GANZÚA

Usar una ganzúa es una forma más segura de librarse de las esposas porque no es necesario apretarlas. También funciona con esposas de doble cierre.

Usa una horquilla o un clip grueso para crear la ganzúa.

Enderézala y haz dos dobleces de 90 grados. Si estás usando una horquilla, haz los dobleces en el lado liso.

Puedes usar el ojo de la cerradura en los puños para hacer los dobleces.

Sostén tu mano de modo que los dientes de los puños queden en la parte inferior. Inserta el extremo doblado de tu ganzúa en la parte pequeña de la ranura del ojo de la cerradura hasta que golpee el metal.

Tíralo hacia abajo y hacia la derecha en dos movimientos distintos. Esta acción no requiere fuerza.

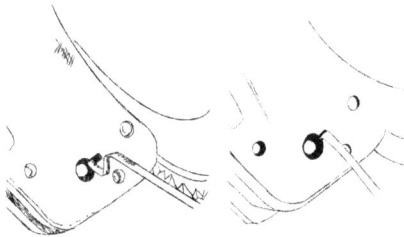

Para esposas de doble cierre, suelta el otro lado primero de la misma manera.

SOBREVIVIR SER ENTERRADO VIVO

Ser enterrado vivo es una muerte siniestra y es poco probable que te escapes, pero también puedes intentarlo.

Si estás en un ataúd, tu oxígeno es limitado, por lo que debes escapar lo antes posible. Trata de no entrar en pánico y conserva el aire respirando profundamente y reteniéndolo el mayor tiempo posible.

Usa cualquier objeto duro que tengas para tocar SOS en el techo.

La otra opción es intentar escapar. Siente dónde se combinan las tablas y raspa el ataúd en ese lugar con algo duro para que sea más fácil de romper. Quieres hacer una pequeña grieta para que caiga un poco de tierra. Esto aflojará la tierra sobre él.

Quítate la camisa y cierra la parte inferior con un nudo. Introduce la cabeza por el agujero del cuello para que quede dentro de la camisa. Esto te protegerá de la asfixia.

Usa tus pies para empujar hacia arriba contra la tapa del ataúd para romperlo.

Cuando la tierra comience a entrar, usa tus manos para dirigirla debajo de sus pies. Intenta llenar el ataúd con tierra. Una vez que el ataúd esté lleno, comienza a excavar e intenta permanecer en la burbuja de aire hasta que llegues a la superficie.

ESCAPAR DE HABITACIONES Y EDIFICIOS

Para salir del cautiverio, deberás abrir puertas, portones o ventanas.

Esta información también es útil para ingresar a lugares en caso de que necesites esconderte mientras eludes a tus captores. Finalmente, puedes usarlo para reforzar la seguridad en tu hogar.

Practica las técnicas de esta sección únicamente en tu propiedad. De lo contrario, ¡te puede capturar la policía!

RESTRINGIR A UN GUARDIA

Después de eliminar a un guardia, toma lo que puedas para sujetarlo y que no pueda perseguirte o alertar a otros cuando se despierte. Estos métodos también son buenos para contener a un intruso hasta que llegue la policía.

Restricciones de brazos

Ata siempre las muñecas de una persona a su espalda. Coloca tus manos nudillos contra nudillos, con las palmas abiertas. Si tienes suficiente material, átale también los codos. Una vez que estén seguros, adapta estos métodos a sus tobillos y rodillas si puedes.

Para usar paracord o algo similar, haz un nudo prusik en tu dedo. El capítulo Escapar de alturas tiene más información sobre los nudos prusik.

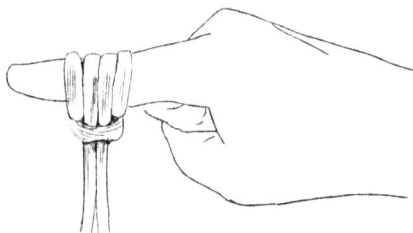

Inserta los extremos corridos en el prusik y apriétalos para crear bucles.

Pasa una muñeca por cada bucle y aprieta los bucles.

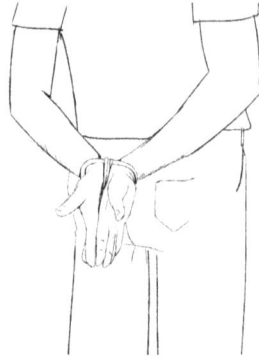

Para usar amarres de plástico, encadena dos de ellos sin apretarlos.

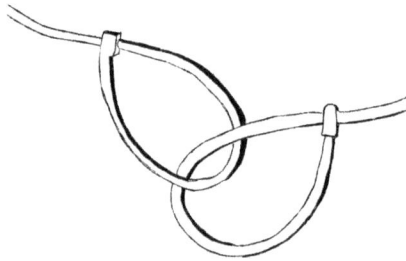

Aprieta un amarre alrededor de cada muñeca.

Para usar un cinturón o algo similar, amarra las muñecas de la persona con el cinturón enrollado a través de la hebilla. Tíralo con fuerza y luego sujeta el resto entre las muñecas.

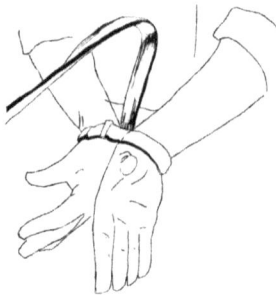

Usa cinta adhesiva para ductos y cuerda de la misma manera. Asegura las muñecas entre sí y luego átalas.

Atar alguien a una silla

Es preferible una silla con respaldo abierto.

Haz que el prisionero se siente en la silla. Haz que pase un brazo por el respaldo (si es posible) y el otro por su alrededor. Si no hay espacio para que pase su brazo, haz que envuelva ambos alrededor del respaldo. Ata sus muñecas juntas, luego ata la parte superior de los brazos a la silla, uno a cada lado. Haz lo mismo con sus pies, permitiendo que solo los dedos de los pies descansen en el suelo.

Amordazar

Para mantener callado a tu prisionero, introduce un paño en su boca. Usa por lo menos dos tiras de cinta adhesiva sobre su boca. No cubras sus fosas nasales.

Prisioneros conscientes

Si el guardia no está inconsciente, pero tienes un arma apuntándole, mantén la distancia para que no pueda agarrarte (o a tu arma) y dale instrucciones claras. Mantén la calma y prepárate para usar tu arma. Dale los siguientes comandos:

- «Manos arriba».
- «Voltéate».
- «Acuéstate boca abajo».
- «Aparta la mirada de mí».
- «Manos detrás de tu espalda».
- «Cruza los tobillos».

Alternativamente:

- «Manos arriba».

- «Mira hacia la pared».
- «De rodillas».
- «Pecho y cara contra la pared».
- «Aparta la mirada de mí».
- «Manos detrás de tu espalda».
- «Cruza los tobillos».

Desde esta posición, haz que pierda la conciencia con tu arma golpeándolo tan fuerte como puedas en la base de su cráneo.

La única forma en que puedes contenerlo mientras está consciente es si tienes una segunda persona. En ese caso, mantén tu arma apuntada hacia él mientras tu compañero aplica las restricciones. Si eres quien aplica las ataduras, controla su cabeza con tu rodilla mientras las pones.

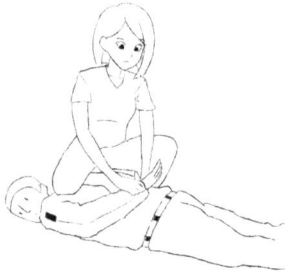

Aplica una barra de brazo si necesitas cambiarlo de lugar.

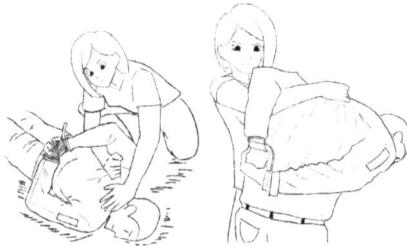

Atar a un árbol o un poste

Este método no requiere que tengas ningún material para sujetarlo, pero sí necesitas estar consciente.

Dile a tu prisionero que se suba al árbol o al poste.

Haz que tu compañero coloque la pierna derecha del prisionero alrededor de la parte delantera del árbol para que su pie termine en el lado izquierdo. Coloca tu pierna izquierda sobre su tobillo derecho y luego coloca tu pie izquierdo detrás del árbol del mismo lado que su cuerpo. Oblígalo a bajar para que su peso corporal lo inmovilice. En esta posición, tendrá calambres en menos de 15 minutos.

Para liberarlo, se necesita tres personas: una para proteger y las otras dos para liberarlo. Con una persona a cada lado, levántalo por las piernas y ábrelas.

BUSCA EL CAMINO MÁS FÁCIL

Antes de romper cualquier punto de salida, busca la salida más fácil. Puede haber una ventana abierta, un eje de arrastre o algún otro punto desbloqueado cercano.

Comprueba también otras vulnerabilidades. Por ejemplo, una compuerta puede estar cerrada con candado, pero quizás el poste no es tan seguro, o puede haber una caja de cerradura con llave que tenga mejor acceso que la puerta.

Busca la llave en los escritorios, en el marco de la puerta, debajo de la alfombrilla de la puerta o escondida dentro o debajo de las cosas cerca de la puerta (macetas, piedras, etc.).

Otra cosa para considerar es la ingeniería social. Puedes seguir a la gente a través de las puertas, pasar por los ascensores de servicio, etc. El truco aquí es la apariencia correcta. Actúa como si se supone que debes estar allí y es menos probable que te atrapen. Tener una placa o identificación falsa ayudará, ya que las personas están condicionadas a ver a una persona con una placa como un trabajador que debe estar allí.

Cuando no es posible un escape encubierto, espera hasta que tu captor abra la puerta y sáquelo. Escóndete detrás de la puerta o luce débil, y cuando se acerque, ataca.

PUERTAS Y VENTANAS

Las puertas y ventanas son puntos de salida obvios y probablemente estarán cerradas o vigiladas.

Entrar por una puerta

Antes de abrir cualquier puerta, escucha el sonido. Mueve la puerta muy lentamente y nunca te pares frente a ella.

Si la puerta está cerrada, acércate a ella desde el lado del pestillo. Presiona tu espalda contra la pared y abre lentamente la puerta un poquito. Asegúrate de que la luz o la sombra no te delaten y mira por el hueco. Si no ves ningún peligro, continúa abriéndolo poco a poco hasta que estés seguro de que puedes confiar en ingresar a la habitación. Cierra la puerta con cuidado detrás de ti.

Si una puerta ya está ligeramente abierta, acércate a ella desde el lado con bisagras y mira por la rendija.

Puertas o ventanas corredizas

Las puertas y ventanas corredizas a menudo tienen cerraduras de pestillo simples que son fáciles de pasar por alto. Un método es empujar contra la puerta o ventana. Aplica presión mientras lo levantas y lo dejas caer unas cuantas veces. Esto puede hacer que el candado falle, por lo que puedes deslizarlo para abrirlo.

Si tienes un trozo de alambre delgado, deslízalo entre el marco y el pestillo para desenganchar el pestillo.

Un método más contundente es deslizar una palanca, como un destornillador o una palanca, entre el marco y la cerradura y abrirla.

Saca algunas puertas o ventanas corredizas de vidrio fuera de sus canales haciendo palanca hacia arriba y hacia afuera. Cuando salgan, cógelas antes de que se caigan.

Quita cualquier tapón (clavija en el marco) creando un espacio con tu herramienta de palanca y usando un cable largo, como un perchero, para maniobrar hacia afuera.

Una solución rápida, pero ruidosa, es romper el cristal. Cubre el punto de impacto con una toalla doblada o algo similar para amortiguar el sonido. No uses tu cuerpo para romperlo.

Romper puertas

Una puerta no puede ser más fuerte que su punto más débil. Varias patadas bien colocadas donde se monta la cerradura a menudo son suficientes para abrirla.

Si tienes alicates de bloqueo de canal, utilízalos para girar el cierre hasta que se rompan los pernos de retención. Usa un cuchillo o algo similar para girar el cerrojo.

Puedes hacer palanca para abrir una puerta con una palanca insertándola entre la cerradura y la puerta y maniobrándola hacia adelante y hacia atrás.

Si los pasadores de las bisagras están en tu lado de la puerta, sácalos con un martillo y un clavo.

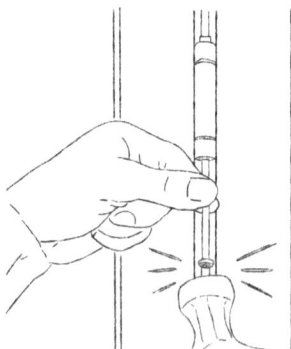

Muchas puertas interiores tienen un pequeño orificio o una cerradura en el pomo de la puerta como función de apertura de emergencia. Inserta una sonda, como un clip, y empújala o gírala para liberar el seguro.

Herramienta de colgador de abrigos

Puedes doblar un perchero de alambre de maneras específicas y luego pasarlo a través de los huecos para evitar las cerraduras. Por ejemplo:

- Empuja la barra de protección de una puerta de salida de emergencia hacia abajo.
- Levanta la clavija de madera en una ventana o puerta corrediza.
- Empuja hacia abajo las cerraduras de palanca de empuje simples, como las de las puertas de los automóviles.
- Baja las manijas del interior de las puertas con cierre automático, como las de los hoteles.

Aquí hay un ejemplo de una barra de ruptura hecha en casa.

CANDADOS

La mayoría de los candados se pueden abrir a la fuerza con un martillo, una piedra grande o un ladrillo y golpearlos donde el grillete se une al cuerpo en el costado del pestillo de cierre. Si no puedes ver el pestillo de cierre, hazlo en ambos lados.

También puedes calzar candados, especialmente los de baja calidad.

Para hacer una cuña de candado improvisada con una lata de aluminio, corta dos rectángulos con una perilla de semicírculo. El tamaño exacto que necesitas depende del tamaño del candado. Con práctica, podrás adivinar mirando la cerradura.

Dobla la base hacia arriba para aumentar la fuerza.

Mueve el semicírculo entre la barra (el grillete) y la base del candado. Una vez que las dos calzas estén colocadas, gíralas para que las asas miren hacia afuera.

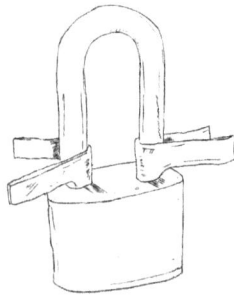

Tira el grillete hacia arriba para abrir el candado. Esto también funciona para cerraduras de combinación de estilo dial. Algunos candados son «anti-calce», pero ningún candado es impenetrable. Si quieres violar cualquier cierre, búscalo en YouTube y puede haber un tutorial. Desafortunadamente, en un escenario de captura, no tendrás acceso a Internet ni a las herramientas necesarias.

Violar cerraduras de combinación

Este método es para cerraduras de combinación sin puertas falsas, que generalmente son cerraduras más económicas.

1. Aplica presión constante sobre el grillete alejándolo del cuerpo de la cerradura.
2. Prueba cada número para ver cuál ofrece la mayor resistencia.
3. Cuando identifiques el que tiene más resistencia, gíralo hasta que escuches un clic y sientas que el cuerpo se mueve un poco hacia abajo. Si hace clic, pero no se mueve, hay un problema.
4. Repite los pasos 2 y 3 para cada número.
5. Para el último número, libera la presión sobre el grillete y usa prueba y error. Revisa cada número uno por uno hasta que se abra.

Puedes adaptar esta misma técnica para candados de bicicleta de combinación estilo cadena.

Congelar un candado con perno en U

Los candados de bicicleta en forma de U son notoriamente resistentes y, a diferencia de la mayoría de los candados, romperlos con un martillo probablemente no los abrirá.

Para debilitar la estructura de la cerradura (o cualquier metal), usa un compresor de aire limpiador de teclado para congelarlo. Sostén la lata apuntando hacia abajo y rocía donde la barra se encuentra con la cerradura hasta que se congele. Es posible que necesites algunas latas para lograrlo.

Golpéalo con el martillo hasta que se rompa.

CERRADURAS DESLIZANTES

Cuando una cerradura de alta calidad (también llamadas cerradura Yale, cerradura con pestillo nocturno y otras cosas) no ha sido bloqueada por el conmutador en la parte inferior y se abre hacia adentro (como lo hacen la mayoría de las puertas externas), es posible que puedas deslizarlo.

Así es como luce este tipo de candado. Se caracteriza por la cerradura redonda delantera (en un círculo).

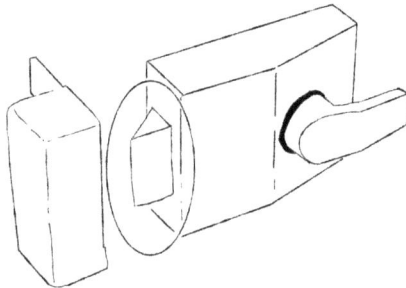

En las películas antiguas, a menudo se ve a una persona deslizando candados con su tarjeta de crédito. No hagas eso. Es probable que tu tarjeta de crédito se rompa. En su lugar, usa una hoja delgada de plástico un poco más grande que la mano de un adulto promedio. Las botellas plásticas de refresco o leche cortadas en un rectángulo funcionan bien.

Inserta el plástico entre el marco y la puerta, justo encima o debajo de la cerradura. Mueve el plástico hacia la cerradura hasta que toque el pestillo. Sigue presionando el plástico contra el pestillo mientras tiras suavemente de la puerta hacia ti.

Cuando se presiona el pestillo, junto al plástico, es posible que escuches un chasquido o un clic.

También puedes deslizar un candado con un sujetapapeles grande y un cordón de zapato. Endereza el sujetapapeles y enróllale el cordón de manera que aproximadamente 4/5 del cordón quede envuelto alrededor del clip. Curva el clip en forma aproximada de U.

Coloca el clip detrás del pestillo y sácalo, de modo que el cordón del zapato quede enrollado alrededor del pestillo, pero que alcances ambos extremos. Tira del cordón y de la puerta al mismo tiempo para deslizar la cerradura. Las puertas dobles (por ejemplo, puertas francesas) son particularmente fáciles de deslizar.

Si no hay espacio para deslizar la cerradura, puedes usar un destornillador o algo similar para hacer un espacio entre la cerradura y la puerta.

También puedes «deslizar un candado» con el tiempo, aunque técnicamente no se trata de deslizar el candado. Coloca trozos de pintura (o lo que sea) en la placa de impacto cada vez que pases. Eventualmente, bloquearán el pestillo lo suficiente como para mantenerlo desbloqueado.

Las cerraduras de mejor calidad modernas son «contra desliz», pero a menudo se instalan incorrectamente. En tu propia casa, usa mejor un cerrojo.

ABRIR CERRADURAS CON GANZÚA

Esto funciona para la mayoría de las cerraduras de tambor y de oblea, que es como funcionan la mayoría de las cerraduras con llave.

Es bueno saber cómo funciona un candado con cerradura de tambor. Aquí hay una descripción básica:

Una cerradura de tambor de pasadores consta de dos filas de pasadores sujetos por resortes. También hay una línea de corte.

Cuando se inserta la llave correcta en la cerradura, empuja los pasadores superiores hacia arriba para despejar la línea de corte. Un pasador inferior se desprenderá del superior, lo que «coloca» el pasador en el lugar correcto. Cuando todos los pines están en el lugar correcto, puedes girar la cerradura.

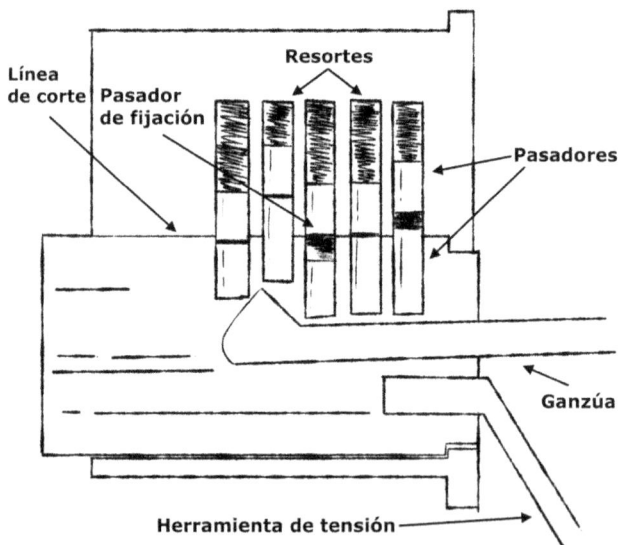

Para forzar una cerradura, debes aplicar una ligera tensión en la rotación (con una herramienta de tensión) y luego mover cada uno de los pasadores a su lugar correcto. La tensión mantiene los pasadores en su lugar mientras los mueves.

Las cerraduras tipo oblea (que se encuentran en las puertas de los armarios, archivadores, candados viejos y otros lugares) funcionan de manera diferente, pero se abre de la misma manera. Por lo general, son más fáciles de abrir que las cerraduras de tambor.

Crear herramientas para abrir cerraduras usando un sujetapapeles

Cuando empieces a aprender, es posible que desees comprar ganzúas adecuadas, pero si te capturan, probablemente no las vas a tener contigo. Es ilegal llevar ganzúas en muchos lugares, e incluso si las llevas, tus captores probablemente te las quitarán.

Los clips sujetapapeles son más fáciles de ocultar y la seguridad estándar no los confiscará.

Las horquillas funcionan bien como herramientas de tensión, pero son un poco gruesas como ganzúas. Sin embargo, es posible usarlas, por lo que si todo lo que tienes es una horquilla, también puedes intentarlo.

Haz las siguientes formas con tus clips. Un par de alicates facilitará la construcción, pero puedes hacerlo sin ellos en un escenario de escape.

Evita doblar los sujetapapeles hacia adelante y hacia atrás en el mismo lugar, ya que se romperán.

Rastrillo C

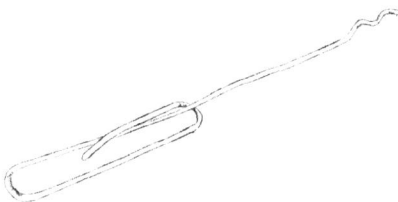

Herramienta de tensión

Aplana los extremos lijándolos sobre el piso o la pared. Esto permitirá más espacio para maniobrar y garantizará que ambas herramientas puedan caber dentro de la cerradura simultáneamente.

Rastrillar la cerradura

Rastrillar es la forma más rápida de forzar una cerradura, si funciona.

Inserta la herramienta de tensión en el ojo de la cerradura en el punto más alejado de los pasadores (generalmente en la parte inferior) y aplica una ligera presión de rotación en la misma dirección en que gira la cerradura.

Después de practicar, podrás sentir en qué dirección se abre el candado girándolo con la herramienta de tensión. Sentirás ligeramente una menor presión al girarlo en la dirección correcta.

A la mayoría de las personas les resulta más fácil usar la herramienta de tensión con su mano no dominante.

El mayor error que cometen los principiantes cuando aprenden a forzar cerraduras es usar demasiada presión de rotación en la herramienta de tensión. Solo se necesita una pequeña cantidad de tensión. También es importante mantener constante la presión sobre la herramienta de tensión mientras abres la cerradura. No agregues presión adicional hasta que todos los pasadores estén en su lugar y abras la cerradura.

Cuando tengas la herramienta de tensión en su lugar, inserta el rastrillo C en la cerradura.

Levántalo y extráelo con un movimiento fluido. Mueve tu rastrillo hacia dentro y fuera de la cerradura hasta que los pasadores «caigan» en su posición y la cerradura se abra. El rastrillo se mantiene siempre dentro de la cerradura. No lo saques completamente.

Algunas personas hacen esto con un movimiento rápido de entrada y salida, y otras prefieren hacerlo más lento. Dependerá de ti y de la cerradura. De cualquier manera, siempre levanta y tira de él cuando lo sacas, y hazlo lo suficientemente rápido para que el movimiento sea suave.

Si la cerradura no se abre después de varios intentos, probablemente se deba a que la herramienta de tensión tiene demasiada o muy poca tensión.

Si quieres ver algunos videos, busca «abrir un candado con clips» en YouTube.

Abrir una cerradura con un sujetapapeles

Si rastrillar no funciona, puedes intentar abrir la cerradura moviendo cada pasador independientemente. Para forzar un candado, debes levantar cada pasador en su lugar usando un palillo palpador en lugar del rastrillo C. Espera que tenga por lo menos cinco pasadores.

Esta es la forma que necesitas para doblar el clip. La herramienta de tensión es la misma de antes.

Coloca la herramienta de tensión en la cerradura, de la misma manera que lo haces al rastrillar.

Inserta tu palillo palpador con la protuberancia elevada hacia los pasadores, que generalmente está lejos de la herramienta de tensión.

Empieza en la parte delantera o trasera de la cerradura y usa la protuberancia en tu clip para levantar cada pasador por turno hasta que identifiques el más rígido. Levanta este pasador hasta que sientas que se coloca en su lugar. Puede haber un ligero cedimiento o clic. Es difícil de explicar, pero con práctica lo sabrás.

Repite esto con el siguiente pasador más rígido, luego el siguiente, y así sucesivamente con todos.

Cuando todos los pasadores estén en su lugar, sentirás que la herramienta de tensión cede un poco y es posible que escuches un clic. Aplica más presión sobre la herramienta de tensión para abrir la cerradura.

Cuando empujas un pasador demasiado hacia arriba y se atasca, te pasaste. Trata de liberar un poco de tensión o mover el clip. Si esto no funciona, debes comenzar de nuevo.

Si los pasadores se caen continuamente, necesitas aplicar un poco más de presión sobre la herramienta de tensión.

Rastrillar y mover el pasador combinados

Puedes rastrillar y mover el pasador independientemente al mismo tiempo. Rastrilla la cerradura para colocar los pasadores que puedas y luego usa el palpador para hacer el resto. A menudo, el último pasador de atrás necesitará más atención.

Pasadores falsos

Las cerraduras más seguras pueden tener pasadores falsos para evitar que las fuerces. El más común es un porta carretes.

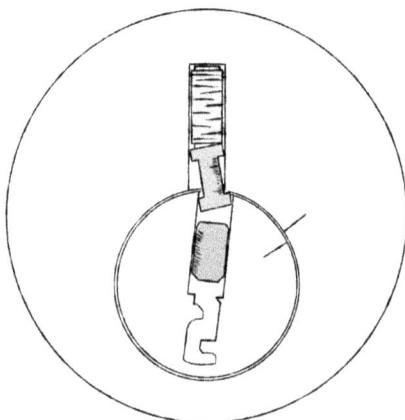

Este diseño puede engañarte haciéndote pensar que has sobrepasado un pasador.

Puedes identificar un pasador tipo carrete porque tiene más elasticidad rotacional que los normales. Si piensas que estás atascado con un pasador tipo carrete, puedes verificarlo aplicando un poco más de fuerza hacia arriba con tu clip. Hacer esto en un pasador tipo carrete creará una presión hacia atrás en la herramienta de tensión, a medida que el borde inferior del pasador empuja hacia atrás.

Cuando hayas identificado un pasador tipo carrete, evítalo liberando una pequeña cantidad de presión de la herramienta de tensión y empujando suavemente el pasador tipo carrete hacia arriba. Si sientes una presión de retroceso en la rotación mientras haces esto, significa que lo estás haciendo bien. Sigue presionando hasta que se fije de forma normal.

Cuando estés colocando el pasador tipo carrete, otros pasadores pueden caer debido a la liberación de presión en tu herramienta de tensión. Simplemente, colócalos de nuevo ahora que el pasador tipo carrete está en su lugar.

Práctica

La teoría de abrir cerraduras es simple, pero se necesita mucha práctica para ser bueno en eso.

No practiques con las mismas cerraduras todo el tiempo. No solo no es realista, sino que dañarás tu cerradura.

Hacer duplicados de llaves

Si obtienes acceso temporal a la llave que necesitas, puedes hacer un duplicado. Esto probablemente no te ayudará una vez que te capturen, pero nunca se sabe cuándo podría ser útil.

Primero necesitas hacer una impresión de la llave. Puedes hacer esto:

- Tomándole una foto.
- Presionándola contra tu piel y luego trazando la hendidura.
- Presionarla sobre algo suave que la marque con claridad, como plastilina, cera, una barra de jabón o espuma de poliestireno.
- Calcarla colocando la llave debajo de un papel y haciendo garabatos en la parte superior. Este es un método de último recurso, ya que no es muy confiable.

Cuando tengas la impresión, fotocópiala en una proporción de 1: 1. La fotocopia debe ser exactamente del mismo tamaño que la llave, así que ten esto en cuenta si tomas una foto.

Corta un contorno de la llave de la fotocopia y luego trázala sobre una lata de aluminio que ha sido cortada y colocada plana. Corta la forma del aluminio. Para mayor precisión, primero corta una forma ancha y luego corta las ranuras detalladas. Utiliza esta llave para empujar y colocar los pasadores en su lugar y una herramienta de tensión para girar la cerradura.

Capítulos Relacionados

- Ganzúa
- Candados

CERRADURAS CON SENSORES

Las cerraduras con sensores son comunes, y forzarlas es más difícil que forzar las cerraduras de llave normales, pero no es imposible si tienes las herramientas adecuadas.

Puertas con sensor de movimiento

Esto es para puertas que usan un sensor de movimiento para abrirlas, como aquellas que se abren desde adentro pero no desde afuera, o aquellas en las que necesitas una tarjeta de identificación para entrar, pero no para salir.

Muchas de estas puertas con sensor de movimiento de seguro automático utilizan sensores infrarrojos pasivos (PIR por sus siglas en inglés). Estas pueden engañarse con latas de aire comprimido, como limpiadores de teclados. Sostén la lata boca abajo y rocíala sobre el sensor, y la puerta se abrirá. También pueden funcionar otras cosas como el humo de un vaporizador o un chorro de agua. Algunas puertas requieren una variación de temperatura para activarse, por lo que el aire comprimido es más confiable.

Si la puerta es electromagnética, esto no funcionará.

Clonación de insignias RFID

Puedes clonar la mayoría de las tarjetas RFID o FOB con un clonador RFID. Compra uno (por ejemplo, Proxmark) en línea. Escóndela en una taza de café, bolsa de sándwich, etc., para que puedas acercarte a tu marcación sin levantar sospechas.

Cerraduras magnéticas

Coloca un poco de cinta adhesiva para ductos negra o un clip sobre el lugar donde se conectan los imanes. Esto evitará que se forme el sello magnético cuando se cierre.

Sensores de movimiento

Los sensores de movimiento no son técnicamente cierres, pero pueden estar presentes cuando intentas escapar.

Una opción es activar un sensor varias veces a propósito, para que el propietario lo apague.

Engañar a los sensores de movimiento modernos es difícil. Debes estudiarlos primero. Determina el área que monitorea un sensor y busca una ruta alterna. Muévete lento y bajo a lo largo de las paredes en las que están colocados los sensores. Ten en cuenta cualquier otro sensor que esté frente a la pared. Usa muebles como protección para bloquear la detección de tu movimiento. Este sensor puede estar calibrado para mascotas, por lo que mantenerse agachado es una buena idea.

ESCAPAR DE LAS ALTURAS

Cuando necesites escapar de un edificio desde un piso alto, lo mejor que puedes hacer es tomar las escaleras de incendios. Mantente cerca de la pared y lejos de la barandilla, especialmente si se va a evacuar todo el edificio.

Rappel

Si estás atrapado en una habitación, puedes hacer rappel. Una sábana tamaña King creará un arnés lo suficientemente grande para la mayoría de los adultos. Otros materiales también funcionarán siempre que sean lo suficientemente fuertes.

Dobla la sábana por la mitad para formar un triángulo, luego enróllala desde la base hasta la punta.

Ata los extremos con un nudo cuadrado:

- Derecha sobre izquierda y debajo, izquierda sobre derecha y debajo.
- Tira de ambos extremos derechos alejándolos de los extremos izquierdos para apretarlos.
- Asegúrate de que haya al menos 15 cm (6 pulgadas) de cola en ambos lados.

Coloca el triángulo en el suelo y párate sobre él de modo que una de las esquinas (no el nudo) quede entre tus piernas. Este es el «Punto 1». Mira en dirección opuesta al resto del triángulo.

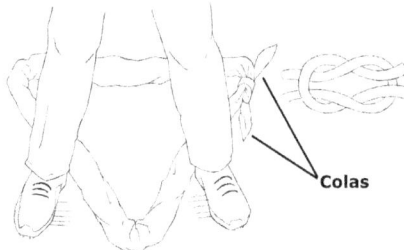

Colas

Tira del arnés hacia arriba de modo que el punto 1 quede al frente, entre tus piernas, y los otros dos puntos se unan a este.

Ahora necesitas «cuerda». Una sábana de cama king-size es buena para bajar un piso. Haz que la longitud total sea un poco más corta que la altura a la que estás. De esta forma, si te caes, quedarás suspendido sobre el suelo.

Ata un extremo a algo que tenga al menos una de estas cualidades:

- Accesorio permanente.
- Más grande que la ventana y que no se romperá con tu peso.
- Muy pesado.

Ata las sábanas con nudos cuadrados (como se describe arriba), luego ata el extremo libre a través de los tres bucles del arnés.

Coloca algo de relleno, como almohadas y toallas, entre la cuerda y en cualquier lugar donde haya fricción, como el alféizar de la ventana.

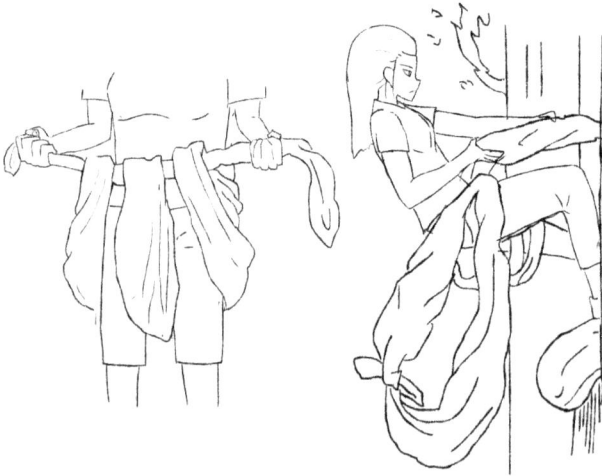

Camina hacia atrás por la pared usando un agarre de la cuerda mano sobre mano. Puedes hacer esto sin el arnés, pero no será tan seguro. Si estás escapando de un incendio, humedece las sábanas antes de atarlas y asegúrate de que tu ancla no sea altamente inflamable.

Prusiks

Otra manera de escalar a un lugar seguro es usando prusiks. Los prusiks son pequeños bucles de cuerda que se sujetan a una cuerda y se trepan hacia arriba o hacia abajo. Puedes usarlos solos o como una capa adicional de seguridad al hacer rappel

Funcionan porque puedes mover los prusiks hacia arriba, pero no se deslizarán cuando agregues presión hacia abajo. Crea cuatro bucles cerrados. Dos para pies y dos para manos. Si no conoces ningún otro nudo, usa nudos cuadrados como se describió anteriormente. Hay otros que puedes utilizar, y que son más fiables, como el nudo de pescador doble o la doblez en forma de 8.

Usa un enganche prusik para sujetar los lazos a la cuerda:

- Coloca el lazo a lo largo de tu línea principal, con el nudo de unión hacia la derecha.
- Con el lado anudado, envuelve tu lazo prusik alrededor de la línea principal. Hazlo al menos dos veces. Cuantas más vueltas hagas, más fricción tendrás.
- Alivia los bucles apretados. Mientras lo haces, asegúrate de que todas las líneas estén colocadas una al lado de la otra de manera ordenada. No permitas que se superpongan o se crucen entre sí.
- Mientras lo aprietas, haz todo lo posible por colocar el nudo cerca de la línea principal.

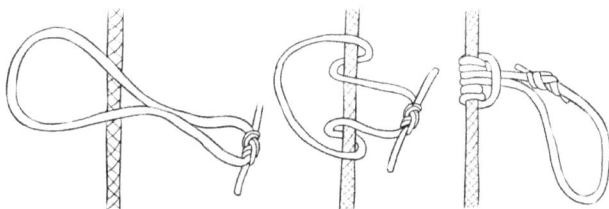

Una vez que los prusiks estén en la cuerda, coloca los pies en los dos bucles inferiores y sujeta los superiores con las manos. Desliza las manos hacia arriba con los bucles prusik superiores lo más alto que pueda, luego levántate. Usa tus piernas para deslizar los bucles de prusik inferiores hacia arriba lo más alto que puedas. Levántate mientras deslizas los bucles prusik superiores hacia arriba nuevamente. Repite este proceso según sea necesario.

Aunque es menos seguro, puedes hacer esto con dos prusiks (como cordones de zapatos) si eso es todo lo que tienes. Utiliza uno como asidero y el otro como punto de apoyo.

Saltar a un contenedor de basura

Saltar de una ventana a un contenedor de basura es el último recurso, ya que hay muchas cosas que pueden salir mal. Para hacer esto sin sufrir una lesión grave, necesitas:

- Algo relativamente blando (como cartón) para aterrizar en el contenedor de basura.
- Dar en el blanco con precisión.
- Aterrizar de espaldas. Aterrizar sobre tu estómago puede resultar en una fractura de espalda ya que tu cuerpo querrá formar una V en el impacto.

Al saltar, apunta al centro del contenedor de basura. Asegúrate de saltar más allá de cualquier obstáculo, sin sobrepasar el contenedor de basura. Mientras caes, mete la cabeza y mueve las piernas para que aterrices de espaldas.

MOVIMIENTO SIGILOSO

El movimiento sigiloso consiste en pasar desapercibido. Para hacer esto, debes evadir todos los sentidos de tus captores o perseguidores y cualquier ayuda (por ejemplo, perros) que tengan.

OBSERVACIÓN

Se requiere una observación constante con todos tus sentidos cuando te estás moviendo. Hasta cuando te detengas, debes seguir observando. Observa a tu enemigo o cualquier obstáculo en tu camino, para que puedas elegir cómo y cuándo moverte.

Buscando terreno

Usa este método para buscar señales de tu enemigo, o cualquier otra cosa que desees buscar, desde una posición estacionaria. Te ayudará si tienes algo específico que buscar (cierto equipo, humanos, perros, vehículos, etc.).

Divide el suelo en tres rangos: inmediato, medio y largo. Escanea cada sección de derecha a izquierda. Comienza con el rango inmediato y avanza de manera sistemática.

De derecha a izquierda es mejor que de izquierda a derecha porque leemos de izquierda a derecha y es más probable que pasemos por alto las cosas si seguimos ese hábito. El escaneo horizontal es mejor que el vertical, ya que de esa manera no es necesario ajustar continuamente la distancia y la escala.

Cuando te encuentres con áreas en las que es más probable que oculten algo, tómate un poco más de tiempo para buscar y buscar partes de los objetos y también partes completas. Las cosas pueden estar ocultas detrás de algo, pero con algunos fragmentos aún visibles. Mira a través de pantallas visuales, por ejemplo, vegetación. Si quieres mirar más lejos, haz un pequeño movimiento de cabeza.

Consejos para ver en la oscuridad

Tus ojos tardan 30 minutos en adaptarse completamente a la oscuridad (visión nocturna) y necesitas al menos un poco de luz ambiental de una fuente como la luna. Una vez que tus ojos se hayan adaptado a la oscuridad, debes protegerlos. Un destello de luz puede arruinar tu visión nocturna en un segundo. Cuando haya un área brillante que desees observar, cubre un ojo para preservarlo mientras usas el otro para mirar.

Incluso con tu visión nocturna, los objetos en la oscuridad son más difíciles de distinguir. Mirar a su lado los aclarará. Cambiar tu punto focal cada pocos segundos (hacia arriba, hacia abajo, hacia los lados) también ayudará.

Las cosas pueden parecer moverse. Asegúrate de que se queden quietos con el método del dedo pegajoso. Estira un dedo frente a ti y «pégale» un objeto.

Cuando necesites luz adicional para ver (si estás leyendo un mapa, por ejemplo), usa luz roja o azul. Hace un daño mínimo a tu visión nocturna y es más difícil de detectar para tu enemigo. No confíes únicamente en tu visión. El sonido, el olfato y el tacto pueden decirte muchas cosas.

La audición es el segundo mejor sentido de un ser humano y, a menudo, puedes escuchar cosas que están fuera de la vista. Quédate quieto, abre un poco la boca y gira la oreja en la dirección que deseas escuchar.

El viento puede llevar olores bastante lejos, y algunos olores, como la comida que se cocina o el humo, son muy distintivos para los humanos. Gira la nariz hacia el viento y huele como un perro, olfateando muchas veces. Concéntrate en el interior de tu nariz e intenta determinar cuál es el olor.

Cuando no puedes ver nada en absoluto, es más seguro quedarte quieto hasta que haya luz, pero ciertas circunstancias pueden requerir que te muevas. En este caso, necesitas tantear el camino. Muévete lentamente, tanteando cada movimiento.

Levanta los pies en alto para tener la mejor oportunidad de despejar cualquier obstáculo, pero asegúrate de no perder el equilibrio. Estira las manos frente a ti para sentir los obstáculos. Usa el dorso de tu mano para sentir cosas, en caso de que estén afiladas o calientes. Esto protegerá el interior de tu mano y las arterias de tu brazo.

PROTECCIÓN Y ENCUBRIMIENTO

La protección y el encubrimiento son diferentes. Ambos son útiles para el sigilo.

El encubrimiento es cualquier cosa entre tú y tu oponente que te oculta de ser visto. La vegetación es un buen ejemplo de encubrimiento. Cuanto más haya entre tú y tu enemigo, más difícil será para él verte.

La protección también te ocultará de la vista, pero también detendrá las balas. Muchos objetos sólidos no califican como protección. Las balas atravesarán vallas de madera, puertas de automóviles, ventanas, etc.

El hormigón sólido, el metal grueso, las depresiones en la tierra y los árboles grandes tienen muchas más posibilidades de proporcionarte protección. Cuanto más poderosa sea la pistola (o explosión), más gruesa debe ser la protección.

Si tu enemigo está tratando de dispararte, busca refugio. Si solo quiere encontrarte, el encubrimiento es suficiente.

Cuando estés cubriendo suelo, muévete de protección a protección (o encubrimiento a encubrimiento), deteniéndote en cada uno de ellos para observar. Asegúrate de conocer tu siguiente lugar de protección o de encubrimiento antes de dejar el actual.

CAMUFLAJE

Tener un buen conocimiento de los principios del camuflaje te ayudará en todas las áreas del movimiento sigiloso. La mayoría de estas cosas están entrelazadas. Úsalos juntos para obtener los mejores resultados.

Forma

La forma humana (o cualquier cosa) es distintiva, pero hay formas de distorsionarla. Por ejemplo, puedes adherirte piezas de la vegetación local o ajustar tu postura.

Tamaño

Cuanto más grandes sean las cosas, serán más fáciles de detectar y más difíciles de esconder. Puedes hacerte más pequeño si te bajas al suelo o te colocas de lado para obtener un perfil más delgado.

Silueta

Cuando un objeto contrasta con un fondo liso, la forma de su contorno es su silueta. Esto es más prominente cuando hay un objeto oscuro sobre un fondo claro o viceversa. Ejemplos de fondos lisos en la naturaleza son el cielo y el mar.

Incluso una ligera diferencia de tono es suficiente para que un observador agudo pueda detectar una silueta. Por ejemplo, usar ropa negra crea más contraste por la noche que la ropa azul oscuro. Para minimizar tu silueta, mantente en terreno bajo o baja tu perfil físico.

Color y textura

Cada entorno tiene ciertos colores y texturas, y si tú no los imitas, se destacarán.

Destacan más los colores contrastantes, como el pelo claro en el bosque o la ropa negra en la nieve.

Las texturas pueden ser rocosas, frondosas, suaves, etc.

Distorsiona tu color y textura y los de tu equipo con cosas como barro, vegetación, carbón o tela. Considera la profundidad de las características. Usa colores más claros en las áreas sombreadas (alrededor de los ojos y debajo del mentón) y colores más oscuros en los rasgos que sobresalen más (frente, nariz, pómulos, mentón y orejas).

Cuando uses la vegetación para mezclarte, asegúrate de que tu color y textura continúen coincidiendo con el terreno a medida que te mueves, ya que la vegetación cambiará y las hojas se marchitarán.

Cuando necesites esconderte rápidamente, recuéstate y cúbrete con follaje.

Brillo y Reflejo

El brillo es todo lo que refleja la luz, incluida la piel grasa. Un enemigo puede detectar el brillo desde grandes distancias si el ángulo de luz es el correcto.

Cubre vidrio, metal y cualquier otra cosa que brille (cremalleras, hebillas, joyas, esferas de reloj, etc.), sin importar cuán pequeño sea. Si necesitas usar anteojos, forra el exterior de los lentes con una fina capa de polvo para reducir el reflejo de la luz.

La reflexión no es gran cosa a distancia, pero puede delatarte si eres descuidado. Evita espejos, vidrios y cualquier cosa que refleje. Mantente fuera del campo de reflexión, por ejemplo, agachándote debajo de los espejos.

Luz y sombra

Evita moverte y usar la luz para ver todo lo que puedas, especialmente durante la noche.

Moverse debajo o cerca de la luz te hace más visible y proyecta tu sombra. Esto puede delatarte incluso cuando el resto de ti está oculto. Mantente siempre consciente de dónde cae tu sombra y ten en cuenta que la dirección de la sombra cambiará con el movimiento del sol u otros cambios en la luz.

Apaga las luces (dispara fusibles o rompe globos) si hacerlo no delata tu posición.

Los bordes exteriores de las sombras son más claros y las partes más profundas son más oscuras. Mantente en las partes más oscuras de la sombra cuando sea posible.

Es posible que tu silueta aún se vea contra sombras más claras, así que mantente agachado y quieto hasta que tengas que moverte.

Si debes usar una linterna, cúbrete la cabeza con la mano. Si es posible, usa un filtro de lente de color.

Ruido

Cuando estás cerca de tu enemigo, debes tener cuidado con el ruido que haces. Cuanto más lento te muevas, más silencioso puedes ser.

Asegúrate de que no haya nada sobre ti que haga sonar, tintinear o vibrar. Si es posible, salta hacia arriba y hacia abajo y escucha cualquier ruido que hagas, y asegura todo lo que necesites.

Cuando tengas la opción, mantente en superficies más silenciosas, como: tierra desnuda, concreto plano, hojas mojadas y rocas grandes.

Programa tu movimiento para que coincida con los sonidos ambientales (tránsito, ladridos de perros, lluvia o ráfagas de viento) para ocultarte.

Si escuchas un ruido que podría ser tu enemigo, mantente quieto y observa. Tírate al suelo o detrás de un encubrimiento si puedes hacerlo sin que te descubran.

Usa ruido y movimiento para distraer a un oponente. Por ejemplo, lanza algo en la dirección opuesta a donde quieres ir, para que la atención de tu enemigo se concentre en él.

Coloca objetos pequeños en el suelo primero tocando la superficie con la mano y luego baja el objeto.

Olores

Los seres humanos tenemos ciertos olores (jabón, comida, olor corporal). Haz lo siguiente para disminuir su olor:

- Lávate tú mismo y tu ropa sin usar jabón.
- Evita alimentos con olores fuertes como los que contienen ajo y especias.
- No uses nada que tenga un olor poco natural, como colonia, tabaco o goma de mascar.
- Frota tu ropa con plantas aromáticas (agujas de pino, por ejemplo) tomadas de tu entorno.

Presta atención si hueles señales de humanos, como fuego, gasolina o cocina.

Mantente a favor del viento de tu enemigo cuando sea posible, especialmente si están usando perros.

MODOS DE MOVIMIENTO

Al evadir a tu enemigo, debes hacer concesiones entre el sigilo y la velocidad. Lo que elijas depende de tus circunstancias, pero en general, cuanto más cerca estás de tu enemigo, más sigiloso debes ser.

Para obtener el máximo sigilo, muévete bajito y lento. Cuanto más bajo estés, más «pequeño» serás y más difícil de ver.

Cuanto más lento vayas, menos probabilidades tendrás de atraer la atención y menos ruido harás.

Cuando el enemigo esté cerca, ve tan bajo y lento como puedas. Si mira en tu dirección, mantente quieto. Te puedes mover más rápido mientras te alejas.

Hay cuatro formas básicas en las que puedes moverte cuando vas a pie.

Caminar

Caminar es una buena concesión entre velocidad y sigilo. Puedes controlar tu velocidad según tus necesidades y pasar fácilmente de caminar a otras posiciones, como correr o agacharte.

Los principios básicos de la marcha sigilosa se aplican a todo tipo de movimiento.

Para caminar lo más silenciosamente posible, coloca todo tu peso en un pie y levanta el otro pie lo suficientemente alto para despejar cualquier obstáculo, pero no tan alto como para perder el equilibrio. Los pasos pequeños son más fáciles de controlar.

Prueba el suelo presionando con cuidado hacia abajo con el borde exterior de la bola de tu pie adelantado. Si la pisada va a hacer ruido, como, por ejemplo, si estás pisando una ramita, prueba en un área diferente. En terrenos sueltos, como los cubiertos de hojas, puedes colocar los pies debajo del follaje.

Cuando encuentras un lugar tranquilo y estás listo para continuar, gira hacia la parte interna de la bola del pie y luego hacia el talón y finalmente hacia los dedos de los pies. Cambia tu peso al pie adelantado, asegúrate de estar equilibrado y repite el proceso con la pierna trasera.

En terrenos duros ruidosos, el control de los músculos se vuelve primordial. Cuanto más lentamente vayas, más control tendrás sobre tus músculos y más tranquilo podrás estar. Deseas poder detenerte en cualquier etapa del movimiento y mantener tu posición durante el tiempo que necesites.

Mantén tus brazos y manos cerca de tu cuerpo, asegurándote de que no golpeen nada.

Mientras caminas de esta manera, usa una respiración normal y relajada. Esto fomenta la naturalidad del movimiento y ayuda a prevenir los jadeos si das un paso en falso o pierdes el equilibrio.

Envuelve tus pies con un paño para amortiguar los sonidos si es posible.

Arrastrarte sobre el estómago

Esta es la forma más sigilosa de moverse porque tienes el perfil más bajo.

No te deslices sobre tu estómago. Eso deja demasiado rastro y hace ruido. En su lugar, usa las manos y los dedos de los pies para hacer una flexión que mueva tu cuerpo hacia adelante. Baja al suelo, vuelve a subir las manos a la posición de lagartija y repite el movimiento.

Gatear

Al gatear sobre tus manos y rodillas, prueba el suelo con las manos antes de aplicar tu peso. Pon tus rodillas en el mismo lugar exacto en el que fueron tus manos.

Correr

Correr agachado es una buena forma de cubrir distancias cortas mientras nadie está mirando. Usa esta técnica para evadir a un guardia cuya espalda esté momentáneamente volteada, por ejemplo.

Correr a todo dar no es para nada sigiloso, pero es la forma más rápida de crear distancia, lo cual es importante para la evasión. Tan pronto como estés seguro de que estás fuera de la vista, o si definitivamente te han visto, comienza a correr a tu máxima velocidad.

EVADIR PERROS GUARDIANES

Si es tu primer escape, es posible que debas evadir perros guardianes.

Debes tomar las mismas precauciones que tomarías si te escondieras de los humanos, pero también debes preocuparte por el mayor sentido de olfato y oído de los perros.

Usa barreras tales como maleza para disfrazar tu olor y mantente a favor del viento.

Acercarte desde un área en la que sabes que operan otros humanos también puede engañar a un perro, ya que estará acostumbrado a las personas que llegan de esa dirección.

Inhabilitar un perro

Hay varias maneras de inhabilitar a un perro.

Si un perro está mal adiestrado, darle comida puede funcionar. Coloca pastillas para dormir (o algún otro medicamento para dormirlo) en la comida si puedes.

Llevar un dispositivo de disuasión de perros improvisado es bueno como respaldo en caso de que te persiga. Algunas opciones incluyen:

- 50/50 de agua con amoniaco. Los productos de limpieza suelen estar hechos a base de amoníaco.
- Una lata de aire comprimido (limpiador de teclados) colocada boca abajo. Debe mantenerse boca abajo para obtener el efecto de congelación.
- Insecticida para abejas o avispas. Esto causará un daño permanente.
- Spray para osos.

Una última opción es matarlo. Pelear con un perro no es fácil. Espera lesionarte.

- Acolcha al menos un brazo con cartón u otro material.
- Mientras corre hacia ti, ofrécele tu brazo acolchado.
- Una vez que muerda tu brazo, apuñala en el abdomen, ya sea desde atrás o desde el frente.
- Si no tienes un cuchillo, golpea su cráneo repetidamente con algo duro, como un ladrillo.

Intentar matar a un perro cuando no estás armado es difícil, pero no imposible.

- Una vez que muerda tu brazo, empuja el brazo hacia adentro de su boca lo más que puedas.
- Sigue ejerciendo presión hacia adelante hasta que tengas al perro inmovilizado sobre su espalda.
- Ahógalo hasta la muerte colocando la parte huesuda del otro antebrazo contra su garganta y apoyándose en él lo más fuerte que puedas.
- Asegúrate de que esté muerto. Si está inconsciente y se despierta, puede volver a atacarte.

Si no es posible ahogarlo, o simplemente necesitas luchar contra un perro, pero sin matarlo, ataca sus puntos débiles. Si lo lastimas lo suficiente, probablemente retrocederá.

- Patéalo en las costillas.
- Separa las patas delanteras para romperle las rodillas.
- Clava tus dedos en sus ojos.
- Patéalo en la ingle.
- Dale un fuerte golpe en la nariz.

SUPERAR OBSTÁCULOS

Los obstáculos son cualquier cosa que te ralentice mientras te mueves o lugares donde es más probable que te vean.

Evita los obstáculos siempre que sea posible, especialmente los que son intrínsecamente peligrosos. La única excepción es el movimiento nocturno. Es mejor moverse de noche, excepto cuando el terreno no lo permite. Observa un obstáculo desde la distancia antes de cruzarlo. Busca la mejor manera de cruzar y el mejor momento para moverte.

Cuando se trata de sigilo, hay un orden de preferencia sobre cómo cruzar obstáculos. El que elijas depende de la dificultad de realizarlo y del factor tiempo.

- **Por alrededor**. Si no agregas exposición riesgosa (por ejemplo, luz, tiempo).
- **Por debajo**. Excava o levanta la parte inferior.
- **A través**. Encuentra un punto débil y corta un agujero si es necesario.
- **Por encima**. Cruza rápidamente y mantén tu perfil tan bajo como sea posible. Para evitar lesiones, aterriza sobre tus dos pies y rueda si es necesario.

Por la noche

Al moverte por la noche, debes hacer concesiones entre las rutas más fáciles y las más seguras. Evita el uso de luz, especialmente luz blanca. Memoriza tu ruta para minimizar la necesidad de consultar tu mapa. Una media luna proporciona una buena cantidad de luz para movimientos sigilosos. Te permite ver a dónde vas mientras te mantiene oculto.

Escaleras

Muévete a lo largo de los bordes de las escaleras más cercanas a la pared. El medio hará más ruido.

Alrededor de las esquinas

Acuéstate y mira a la vuelta de la esquina. No te expongas más de lo necesario.

Ventanas y espejos

Mantente cerca del costado del edificio y pasa por debajo del nivel de la ventana o espejo.

Cercas u obstáculos de alambre

Asegúrate de que las cercas no estén electrificadas ni equipadas con otros dispositivos de seguridad. Busca:

- Señales de advertencia.
- Cables desnudos que entran en aisladores.
- Animales pequeños muertos.

Para pasar por debajo de un cable, deslízate de cabeza sobre tu espalda empujando hacia adelante con los talones. Coloca un trozo de madera (o algo similar) a lo largo de tu cuerpo para que el alambre se deslice a lo largo de él. Siente hacia adelante con tu mano libre para encontrar el siguiente hilo de alambre, si lo hay.

Cuando pasar por debajo no es práctico, intenta ir a través de él. Corta las hebras inferiores para que haya menos señales de manipulación. Para hacer esto en silencio, sostén el cable cerca de su soporte y corta entre tu mano y el soporte. Esta técnica también evita que los extremos salgan volando.

Para reducir aún más el ruido, corta parcialmente el cable y termina de cortarlo doblándolo hacia adelante y hacia atrás. Si es necesario, coloca una estaca en el cable para dejar espacio para pasar.

Si hay un cable bajo de obstáculo, pásalo con cuidado. Para trepar por encima de los más altos, busca asideros cerca de los postes de apoyo. Si se trata de alambre de púas, debes tener especial cuidado de no engancharte. Antes de trepar, cubre el cable con cualquier material plano y pesado, como:

- Alfombra.
- Manta gruesa.
- Varias capas de cartón.

El alambre de navaja es muy peligroso. Si no tienes otra opción, usa un palo curvo para tirar del cable hacia abajo y cúbrelo con material pesado antes de trepar.

Pared sólida

Si no puedes rodearla, pasarla por debajo o atravesarla, busca un lugar bajo para treparla.

Prueba la integridad de la pared sujetándola y tirando de ella ligeramente hacia abajo. Aumenta gradualmente la fuerza hasta que levantes tu cuerpo del suelo.

Comprueba si el otro lado está despejado (si es posible) y, si lo está, pasa la pared lo más rápido posible.

Para aprender a correr por paredes altas y superar otros obstáculos, consulta *Entrenamiento Esencial de Parkour*:

www.SFNonFictionbooks.com/Foreign-Language-Books

Áreas abiertas

Las áreas abiertas son aquellas que tienen poca o ninguna cobertura, como campos de césped. Crúzalos solo si no hay otra forma práctica de evitarlos.

Para atravesar áreas abiertas, elige el terreno más bajo posible (surcos, por ejemplo) y baja tu perfil tanto como sea práctico. Considera la velocidad frente a la necesidad de ocultarse.

En el césped, intenta sincronizar tu movimiento con el momento en que sopla el viento y cambia ligeramente de dirección de vez en cuando al cruzar. Esto ayuda a tapar el camino de tu movimiento.

Carreteras, senderos y vías férreas

Nunca te muevas por carreteras en una situación encubierta. Para cruzarlas, usa puntos estrechos con poco tráfico y encubrimiento para minimizar tu exposición (arbustos, sombras, una curva en la carretera, terreno bajo, etc.).

Usa una corrida baja para cruzarlas.

Ten cuidado con las áreas sin tráfico, ya que pueden tener trampas.

Precaución: Si hay tres rieles en las vías del tren, una puede estar electrificada.

En territorio público, pero hostil

Evita el contacto con los lugareños, especialmente los niños y los perros. Si es posible, pasa por los alrededores de las áreas pobladas.

Haz todo lo posible por integrarte antes de entrar. Usa ropa local, cúbrete la piel, límpiate, etc.

A menos que domines el idioma local, no hables. En su lugar, mira hacia abajo y pasa sin hacer caso a cualquiera que intente involucrarte.

Puentes

Evita cruzar puentes. Es mejor cruzar nadando. Puedes esconderte bajo el agua y usar una caña o una pajita para respirar.

Cuando la masa de agua sea demasiado peligrosa, espera el momento oportuno y cruza el puente lo más rápido posible.

Si quedas atrapado en el puente y la muerte es inminente, salta al agua. Esto es muy peligroso, especialmente si no conoces la profundidad del agua.

Al saltar, intenta aterrizar en el canal por donde pasan los barcos debajo del puente. Esta área generalmente se encuentra en el centro, lejos de la costa.

Mantente alejado de cualquier área cerca de pilones que sostengan el puente. Pueden acumularse escombros en estas áreas y puedes golpearlos cuando saltes al agua.

Salta con los pies primero, manteniendo el cuerpo completamente vertical. Junta bien los pies, aprieta el trasero y protege la entrepierna con las manos.

Después de entrar al agua, separa los brazos y las piernas y muévelos hacia adelante y hacia atrás para reducir la velocidad del descenso.

Capítulos Relacionados

- Observación

EXPLOSIVOS IMPROVISADOS

Un explosivo improvisado es una bomba casera. Los explosivos improvisados en este libro utilizan un mínimo de equipo, lo que ofrece la mejor oportunidad de fabricarlos en cautiverio o en casa.

Algunos de estos no son más que simples experimentos científicos. Son buenos para crear distracciones.

Hay otros destinados a herir a tu enemigo. No sugiero practicar ninguno de estos, pero es bueno saberlo.

Cuando se trata de explosivos, la seguridad es primordial. Siempre usa ropa protectora y asegúrate de que nadie, excepto tu enemigo, esté en la zona de peligro cuando los estés activando.

MECHAS DE CABEZAS DE CERILLOS

Algunos de los explosivos improvisados requieren mechas. Una forma fácil de construirlos es con papel higiénico y cerillos (fósforos).

Usa el papel higiénico para hacer una cuerda. Corta las tiras lo más delgadas posible. Dobla cada tira por la mitad a lo largo, y tuércela.

A continuación, ponte guantes de plástico y raspa las cabezas de los cerillos. Aplasta las cabezas para que no queden grumos. Espolvorea una pequeña cantidad de agua en las cabezas de los cerillos y haz una mezcla. Quieres una pasta espesa, cuanto más suave, mejor.

Cubre los hilos con la pasta de los cerillos y déjalos secar. Guarda las mechas secas en una bolsa de papel, lejos del calor y el fuego.

Materiales de reemplazo

Cualquier hilo o papel puede reemplazar el papel higiénico, pero es posible que no funcione tan bien. Asegúrate de que cualquier hilo que uses esté limpio y trata de que tenga un grosor similar al del hilo del papel higiénico.

Puedes reemplazar las cabezas de los cerillos con pólvora. Consíguela de balas.

Para hacer una pólvora improvisada, mezcla lo siguiente:

- 1 parte de nitrato de potasio (que se encuentra en fertilizantes).
- 1 parte de azúcar granulada.
- 2 partes de agua caliente.

BOMBAS DE DISTRACCIÓN

Las bombas de distracción son fáciles y relativamente seguras de hacer. Explótalas y cuando los guardias investiguen el ruido, haz tu movimiento.

Aunque técnicamente no es un explosivo, un incendio también constituye una buena distracción.

Flash de pedernal

Esta «bomba» creará algunas chispas pequeñas pero brillantes. Es fácil pasarla por alto, pero si está dentro del campo de visión de un guardia, probablemente se acercará para hacer una inspección más cercana.

Para hacerlo, necesitas un mechero (encendedor) desechable y otra fuente de fuego.

Retira el protector de llama de metal del mechero desechable. Retira con cuidado la rueda del percutor y extrae el pedernal y el resorte del pedernal.

Gira un extremo del resorte alrededor del pedernal. Pon el pedernal en una llama, sosteniéndolo por el resorte. Cuando esté al rojo vivo, tíralo a una superficie dura. Las chispas se crean al contacto.

Bomba de mechero

Con el mismo mechero desechable del que sacaste el pedernal, puedes construir un generador de ruido.

Después de haber quitado el protector de metal, mueve el mecanismo de ajuste de la llama hasta que el gas salga continuamente. Para hacer esto, muévelo hasta el «+». Levántalo y vuelve a colocarlo en «-». Repite esta acción para desenroscar la válvula de gas.

Una vez que tenga una fuga, cuélgala boca abajo y enciende el gas.

Sin embargo, tan pronto como la llama arda, el resto del gas se encenderá, provocando una pequeña explosión. Esto suele suceder en menos de un minuto.

Asegúrate de no estar demasiado cerca cuando detone.

Generador de ruido químico simple

Este generador de ruido utiliza una simple reacción química para liberar gas dentro de un recipiente cerrado. Cuando se libera el gas presurizado, crea una explosión razonable.

Vas a necesitar:

- Una botella de plástico pequeña con tapa (una botella de agua o refresco funcionará bien).
- Un pequeño cuadrado de papel (como la etiqueta de la botella de refresco).
- 1/4 de taza de vinagre.
- 2 cucharadas de bicarbonato de sodio.

Las medidas de los ingredientes no tienen que ser precisas. Lo suficientemente cerca está bien, pero cuanto más grande sea la botella, más ingredientes necesitarás.

Envuelve el bicarbonato de sodio en el papel para que quede sellado por dentro.

Vierte el vinagre en la botella y luego deja caer el paquete de bicarbonato de sodio. Sella y agita inmediatamente. Espera a que la botella se expanda un poco y tírala contra algo duro.

Para hacer gas lacrimógeno improvisado, vierte chile en polvo o pimentón rojo en la botella antes de agregar los demás ingredientes.

Otras reacciones químicas que puedes probar son:

- Agua + Alka Seltzer (marca de antiácido efervescente).
- Coca Cola + Mentos (marca de caramelos).

Bomba Works

Este es un generador de ruido químico más potente basado en los mismos principios que el anterior (es decir, una botella de plástico llena de un ácido y una base reactiva). Crea gas hidrógeno, que es altamente inflamable.

El ingrediente ácido es ácido clorhídrico. Puedes encontrar esto en varios agentes de uso doméstico, como:

- Limpiador de inodoros o desagües.
- Productos químicos para el mantenimiento de piscinas (ácido muriático).
- Limpiador de mampostería (limpiador de azulejos).

Si tienes la opción, elige el que tenga el mayor porcentaje de ácido clorhídrico, al menos el 20%. Uno de los más comunes es el limpiador de inodoros de la marca Works; de ahí el nombre «Bomba Works».

Ten cuidado de no derramar el ácido clorhídrico sobre ti mismo. Usa guantes y gafas de seguridad.

Para la base de reacción, usa papel de aluminio.

Estruja sin apretar varias bolas pequeñas de papel de aluminio y colócalas en la botella. Cubre las bolas con ácido clorhídrico y enrosca la tapa. Hazlo que ruede hacia donde quieras que ocurra la explosión. Alternativamente, le das un par de sacudidas, lo dejas en el suelo y sales corriendo.

Esto puede tardar un tiempo en explotar, pero cuando lo haga, definitivamente atraerá la atención. Para verlo en acción, busca en YouTube «Works Bomb».

REDUCTORES DE VISIÓN

Los explosivos improvisados en esta sección están destinados a afectar la capacidad de visión de tus captores. Ninguno de estos es explosivo, pero hacen el trabajo.

Bomba de harina

Esto funciona con cualquier tipo de harina u otro polvo fino, como cenizas.

Envuelve una cantidad generosa de harina dentro de una toalla de papel húmeda. Usa una banda de goma para mantenerlo en una pieza. Cualquier papel funcionará si no hay toallas de papel disponibles. Una envoltura de plástico también puede funcionar si el plástico no es demasiado grueso. Empaquétalo bien.

Tíralo a una superficie dura (o a alguien) para crear una gran nube de harina al impactar.

Bomba de humo cocida

Para esta bomba de humo, necesitas:

- Azúcar (sacarosa o azúcar de mesa).
- Nitrato de potasio o salitre (fertilizante o pólvora).
- Una sartén.
- Papel de aluminio con forma de molde (cualquier forma que desees).
- Una mecha (opcional).

Pon tres partes de nitrato de potasio con dos partes de azúcar en la sartén. La medición no tiene que ser precisa, pero necesitas más nitrato de potasio que azúcar. Cuanto más azúcar, más lenta es la quema.

Coloca la sartén a fuego lento y aplica movimientos largos para revolver la mezcla hasta que esté líquida. Vierte la mezcla en su molde de papel de aluminio e inserta una mecha si lo deseas.

Una vez que se enfríe, quita el papel de aluminio. Cuando quieras usarlo, enciende la mecha. Si no hay mecha, puedes encenderlo directamente.

Bomba de humo sin cocer

Para hacer esta bomba de humo, necesitas:

- 2 partes de azúcar glas (azúcar en polvo).
- 3 partes de nitrato de potasio o salitre (fertilizante o pólvora).

Tamiza el azúcar glas y el nitrato de potasio juntos. Enciende el polvo para producir humo.

BOMBAS DE FUEGO

Estos explosivos improvisados están destinados a ser destructivos y pueden causar graves daños.

Cóctel Molotov

Esta clásica bomba incendiaria es una botella de vidrio llena de cualquier cosa inflamable, como licor o gasolina.

Cualquier paño empapado en el líquido inflamable hace una buena mecha. Conéctalo firmemente en la parte superior de la botella. Enciéndela y tírala a lo que quieras que se prenda fuego.

Incendiarios improvisados

Aquí hay tres formas de hacer un líquido pegajoso altamente inflamable. Es como el napalm de un pobre.

Usarlo en un cóctel Molotov es una buena forma de implementarlo. Usa un embudo para ponerlo en la botella.

Mezcla cualquiera de las siguientes combinaciones en un recipiente viejo. Ten cuidado al manipularlo, para que no te caiga encima.

- 5 tazas de gasolina + 1 taza de aceite + media barra de jabón rallado.
- Espuma de poliestireno + gasolina. Usa la cantidad de espuma de poliestireno necesaria hasta que el gas no pueda disolverse más.
- 2 partes de harina + 1 parte de gasolina.

REFERENCIAS

12PillarsOfSurvival.com. *Survival Stash.* 12PillarsOfSurvival.com.

Alton, J. (2016). *The Survival Medicine Handbook.* Doom and Bloom.

Auerbach, P. Constance, B Freer, L. (2018). *Field Guide to Wilderness Medicine.* Elsevier.

Carnegie, D. (2010). *How To Win Friends and Influence People.* Simon & Schuster.

Chesbro, M. (2002). Wilderness Evasion. Paladin Press.

Department of Defense. (2011). *U.S. Army Survival Manual: FM 21-76.* CreateSpace Independent Publishing Platform.

DOD United States Department of Defense. (2011). *Survival, Evasion, and Recovery.* Pentagon Publishing.

Emerson, C. (2016). *100 Deadly Skills: Survival Edition.* Atria Books.

Emerson, C. (2015). *100 Deadly Skills.* Atria Books.

Erickson, R. Erickson, R (2001). *Getaway: Driving Techniques for Escape and Evasion.* Breakout Productions.

Fiedler, C. (2009). *The Complete Idiot's Guide to Natural Remedies.* Alpha.

Goodwin, L. (2014). *Prepping A to Z: Book A.*

Goodwin, L. (2014). *Prepping A to Z The Book Series Book B.*

Goodwin, L. (2014). *Prepping A to Z The Book Series Book C.*

Goodwin, L. (2014). *Prepping A to Z The Book Series Book D.*

Goodwin, L. (2014). *Prepping A to Z The Book Series Book E..*

Goodwin, L. (2014). *Prepping A to Z The Book Series Book F.*

Hanson, J. *Don't Hide Valuables Here.* www.spyescapeandevasion.com.

Hanson, J. (2015). *Spy Secrets That Can Save Your Life.* TarcherPerigee.

Hanson, J. (2018). *Survive Like a Spy.* TarcherPerigee.

Hawke, M. Hawke, R. (2018). *Family Survival Guide.* Skyhorse.

Lieberman, D. (2018). *Never Be Lied to Again.* St. Martin's Press.

Luther, D. *The Prepper's Workbook.*

Miller, T. (2012). *Beyond Collapse.* CreateSpace Independent Publishing Platform.

Morris, B. (2019). *The Green Beret Survival Guide.* Skyhorse.

Nobody, J. (2011). *Holding Your Ground.* Elsevier.

Nobody, J. (2018). *The Prepper's Guide to Caches.* Prepper Press.

Robinson, C. (2012). *The Construction of Secret Hiding Places.* Desert Publications.

Terrill, B. Dierkers, G. (2005). *The Unofficial MacGyver How-To Handbook.* American International Press.

Voss, C. Raz, T. (2016). *Never Split the Difference.* Harper Business.

WA Police, SA. (2019). *Aids to Survival.*

Wiseman, J. (2015). *SAS Survival Guide.* William Collins.

United States Marine Corps. (2013). *United States Marine Corps Individual's Guide for Understanding and Surviving Terrorism.* United States Marine Corps.

US Marine Corps. *Kill or Get Killed.*

Yeager, W. (1990). *Techniques of the Professional Pickpocket.* Breakout Productions.

RECOMENDACIONES DEL AUTOR

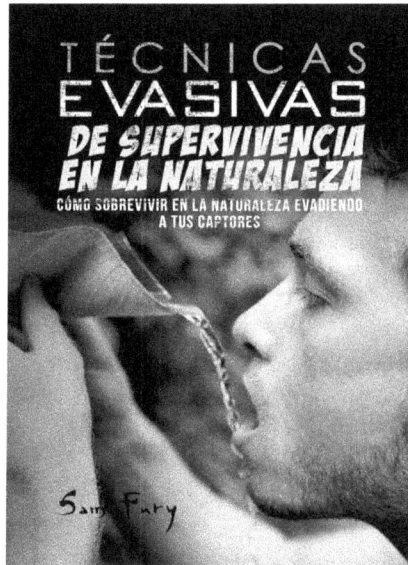

¡Aprende por ti mismo la supervivencia evasiva en la naturaleza!

Descubre todas las habilidades de supervivencia evasivas que necesitas, porque si puedes sobrevivir en estas circunstancias, puedes sobrevivir cualquier cosa.

Consíguelo ahora.

www.SFNonFictionbooks.com/Foreign-Language-Books

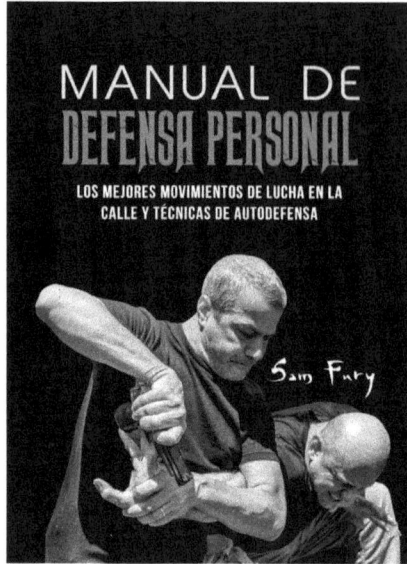

¡Aprende la defensa personal por ti mismo!

Este es el único manual de entrenamiento de autodefensa que necesitas, porque estos son los mejores movimientos de lucha callejera.

Consíguelo ahora.

www.SFNonFictionbooks.com/Foreign-Language-Books

ACERCA DE SAM FURY

Sam Fury ha tenido una pasión por el entrenamiento de supervivencia, evasión, resistencia y escape (SERE) desde que era un niño creciendo en Australia.

Esto lo condujo a dedicar años de entrenamiento y experiencia profesional en temas relacionados, que incluyen artes marciales, entrenamiento militar, habilidades de supervivencia, deportes al aire libre y vida sostenible.

En estos días, Sam pasa su tiempo refinando las habilidades existentes, adquiriendo nuevas habilidades y compartiendo lo que aprende a través del sitio web Survival Fitness Plan.

www.SurvivalFitnessPlan.com

amazon.com/author/samfury

goodreads.com/SamFury

facebook.com/AuthorSamFury

instagram.com/AuthorSamFury

youtube.com/SurvivalFitnessPlan

www.ingramcontent.com/pod-product-compliance
Lightning Source LLC
Chambersburg PA
CBHW062122020426
42335CB00013B/1065